艺术与生活：
公共艺术的发展与设计研究

余彩霞　著

吉林文史出版社

图书在版编目（CIP）数据

艺术与生活：公共艺术的发展与设计研究 / 余彩霞
著 . -- 长春：吉林文史出版社，2024. 7. -- ISBN 978-
7-5752-0461-3

Ⅰ . TU-856

中国国家版本馆 CIP 数据核字第 20246AK347 号

艺术与生活：公共艺术的发展与设计研究
YISHU YU SHENGHUO : GONGGONG YISHU DE FAZHAN YU SHEJI YANJIU

著　　者：余彩霞
责任编辑：钟　杉
出版发行：吉林文史出版社
电　　话：0431-81629359
地　　址：长春市福祉大路 5788 号
邮　　编：130117
网　　址：www.jlws.com.cn
印　　刷：河北万卷印刷有限公司
开　　本：710mm×1000mm　1/16
印　　张：15.75
字　　数：210 千字
版　　次：2024 年 7 月第 1 版
印　　次：2024 年 7 月第 1 次印刷
书　　号：ISBN 978-7-5752-0461-3
定　　价：88.00 元

◦ 前　言 ◦

　　当下，公共艺术既是城市空间的点睛之笔，也是人们生活的一部分。它与当时的社会、自然环境以及人们的日常生活密切相关，为城市注入美感、思想和文化的元素。本书旨在通过对公共艺术的发展与设计进行深入研究，探索公共艺术在不同时代与语境下的演变。

　　公共艺术的缘起可以追溯至古代文明，但它在现代社会中得到了广泛的关注和发展。在过去的几十年里，随着城市化进程的加速和人们对城市环境质量的关注，公共艺术开始扮演着重要的角色，为城市空间增添丰富的文化内涵和美感。

　　本书第一章对公共艺术进行了概述：阐述了公共艺术的定义与特征，公共艺术不仅是城市中的雕塑或壁画，还包括各种形式的艺术表达，如纪念雕塑、自然景观艺术以及满足人文需求的艺术等；公共艺术与社会密切相关，它反映社会变迁和人们的价值观，同时影响和塑造社会的发展；公共艺术与环境密切相关，艺术作品的选址和设计必须考虑到周围环境的特点和需求，要融入和提升城市空间的整体品质；公共艺术具有地域性和场域性，不同地区的文化背景和场所特点会影响公共艺术的创作和表达方式，使其具有独特的地域特色。

　　第二章回顾了公共艺术的发展沿革：从公共艺术的起源与国内发展开始，探讨了公共艺术发展的动力系统及其演变。通过了解公共艺术的历史背景和演变过程，可以更好地理解当代公共艺术的现状和发展趋势。

　　第三章深入探讨了公共艺术的类型与功能：从纪念与妆点向的公共

艺术、自然景观向的公共艺术，以及人文需求向的公共艺术等方面进行了分析和阐述；公共艺术不仅是为了纪念和装饰，还可以满足人们对自然环境、人文关怀和社会互动的需求。

第四章，探讨了当代公共艺术的重塑，以及在当代艺术语境下公共艺术的发展和新动力，分析数字化技术对城市公共艺术的影响。

第五章分析了公共艺术设计的审美，主要围绕公共艺术设计的理论基础、观念及其呈现、美学意蕴进行了探讨。公共艺术设计不仅要注重艺术形式和技术手段，还需要考虑观众的感受和审美需求，以便创造出令人愉悦和有意义的艺术作品。

第六章从现实场域角度探讨了公共艺术的现实场域及设计，主要分析了城市空间文化与公共艺术空间的关系。现代社会中，公共艺术不仅仅是城市公共空间的装饰，更多的是要表达一种社会观念，激发人们对生活的思考；进入数字化时代，公共艺术获得了更多的技术支持，新兴技术的应用使公共艺术的表达方式更加多元化，能够满足现代人更高的审美需求。

第七章主要分析了公共艺术的在地性设计和保护。在地性是公共艺术的一个重要特性，它反映了艺术与其所处环境的关系。公共艺术的设计需要考虑到地域文化、环境特征等因素，以确保艺术作品与其周围的环境和文化相融合。同时，公共艺术的在地性要求在设计和建设过程中要尊重和保护原有的文化和环境，避免对它们造成破坏。最后以安徽省为例，深入探讨了公共艺术如何与地方文化相结合，以及如何在尊重和保护地域特色的同时，展示其独特的艺术价值。

通过对公共艺术的研究，本书旨在加深人们对公共艺术的理解，为公共艺术的设计和发展提供和指导。希望读者通过阅读本书，能够对公共艺术在社会生活中的重要性和影响有全面认识，同时能够在实践中推动公共艺术的创新与发展。

◎ 目 录 ◎

第一章　公共艺术概述

第一节　公共艺术的定义与特征

一、公共艺术的定义

公共艺术是一个广泛的概念，在学术界，其定义可因研究者的视角和侧重点不同而不同，但其核心内涵与特征相同。公共艺术是在公共空间展示的艺术，不仅为受众提供视觉效果，还促进社区参与和对公共空间的重新想象。

从理论层面来看，公共艺术的对象是普通大众，具体环境包括社会空间、自然空间等。只是在此过程中，有很多公共艺术作品会在展览结束后就再次被封存，因此，较为准确的公共艺术的定义，即公共艺术是一个涵盖性极广的术语，是指可以被安置或实施在"公共场域"内的任何艺术作品，包括使用公共基金购买、接受捐助和以公共方式展示的各种类型的艺术作品。这里的"公共场域"并不限于艺术品被安放在特定的公共场所和特定的人群观看。

公共艺术多根植于现实场域中。它的实施受当时的经济制约、法律规定以及社会需求，常常会出现许多相互对立、相互制约的问题。例如，一些地区开始在空间公共艺术雕塑方面加大力度，使其成为城市的代表性地标，提高文化软实力①。将一件公共艺术作品放置于某个特定地点，要对其场域的物理环境、社会土壤（如文化传统、生活习惯）等公共性因素进行思考。

公共艺术是一种在公共领域内创作并展示的艺术，其形式、内容和目的会根据其创作者的意图、社会环境和观众的反应而变化。从这个角度来看，公共艺术的定义并不局限于艺术作品的物理存在状态，也包括其在艺术和情感上是否能被大众所理解和接受。

也就是说，公共艺术应该与更多的潜在公众对话，这些公众有些是专业的，有些则并不明确。为了达到这个目的，创作者就需要抛开关于审美问题的预设看法和定性判断，当艺术在情感和思想上真诚地拓展与其受众的互动机制时，它将具有完全意义上的公共性。

在公共艺术的发展过程中，不同的艺术家和评论家提出了各种观点，这些观点有时相互冲突，有时相互补充。由于公共艺术对于城市美化和形象塑造方面所产生的巨大作用，对于公共艺术的创作，有人强调平民主义的作用，认为艺术应该迎合大众的需求，让更多的人能够理解和欣赏；不过，这种观点也引发了担忧，有人认为过分强调平民主义可能导致公共艺术的扁平化，使其失去艺术思维的锋芒和个性②。

在实践中，公共艺术既需要考虑大众的需求，也需要保持其独特的艺术价值和表现力。因为公共艺术的本质主要在于其公共性，艺术家在创作公共艺术时需要平衡这两个方面，既要让作品具备内涵，引发反响，又要让其易于理解和接受③。这并不意味着创作者要追求平庸，而是要寻求一种能够让艺术作品在公共场域中与广泛的受众产生对话的方式。

---

① 邱艳美，杨明刚. 城市地铁空间的公共艺术作品设计探究：以上海地铁15号线为例 [J]. 设计，2021（13）：93—95.

② 赵刘. 当代公共艺术批评与审美体验取向 [J]. 南京艺术学院学报（美术与设计版），2012（5）：96—100.

③ 李峰. 独立的批评是公共艺术成立的关键 [J]. 美术观察，2011（9）：29，30.

即公共艺术是一个复杂且富有挑战性的领域，它涉及个人与集体、精英与大众之间的冲突和协调，它试图在公共领域和私人领域、高雅艺术与大众艺术之间找到平衡。例如，在公共艺术的领域，极具艺术影响力的艺术家克里斯托（Christo）和珍妮·克劳德（Jeanne-Claude），就曾在全球各地实施了多个公共艺术项目，包括包裹里昂的罗马竞技场、柏林的里希特防卫墙、纽约的中央公园门道等。其作品往往需要数年甚至数十年的时间才能完成，而作品本身往往只会展示几周时间。尽管他们的项目在创作过程中经常面临各种挑战，包括环境保护、公共安全、土地所有权等问题，但他们始终坚持自己的艺术理念，通过公共艺术来引发公众的思考和讨论。公共艺术是城市公共空间的艺术作品，在环境上美化城市空间环境①。

公共艺术的创作和发展也受到了来自社会、政治、经济等多方面的制约。它是由政府或社会出资、放置于公共空间的艺术②。艺术家在创作过程中需要遵循法律法规，考虑到环境和社会需求。有时候，公共艺术作品可能会引发争议，因为它们涉及敏感的话题，如政治、宗教、性别等。这时艺术家需要在尊重公众感受的基础上，勇敢地表达自己的观点和思考。

美国艺术家瓦莉·艾丝波尔（Valie Export）在1986年创作的作品《触摸式电影》中，把一个类似电视机的箱子套在自己赤裸的胸口上游走于欧洲多个城市。观众们可以任意将手伸入"屏幕"触摸这个真实的"影像"。艾丝波尔将自己在户外的行为艺术称为"扩大的电影"。从法规制定的角度来保障公共艺术的全民参与、全民共享和全民认知是非常有意

---

① 陈敏，姜娜. 浅析城市公共空间下的公共艺术与城市文化的关系 [J]. 中外建筑，2020（10）：47—48.

② 汪单. 公共艺术中公共利益若干法律问题的探讨：基于美国三个公共艺术司法案例 [J]. 装饰，2020（3）：75—77.

义的，①《触摸式电影》是一件备受争议的女性主义作品，艺术家的行为包含对身体行为与公众体验、私人领域与公共领域等复杂话题的思考。

公共艺术是一个多元化、复杂的领域，它不仅关乎艺术作品本身，还涉及作品与观众、社会和环境之间的互动。这就要求创作者能够在公共艺术的创作和发展过程中需要不断地探索和反思，以期在满足公众需求的同时，保持艺术的独立性和创新性。

二、公共艺术的特征

公共艺术具有艺术性、公共性、环境性、社会性。其特征包括多个方面，具体内容可参照图1-1。

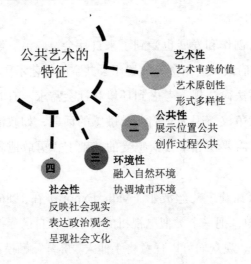

图1-1 公共艺术的特征

（一）艺术性

首先，公共艺术是一门艺术，需要具有创新性和原创性，这就要求艺术家在创作公共艺术时，要有独特的艺术视角和独立的艺术表达方式。

---

① 周成璐.中美公共艺术法律法规比较研究[J].公共艺术，2018（6）：6—11.

同时，公共艺术作品需要具有一定的艺术深度，能够引发观众的思考和感悟。

公共艺术的艺术性内涵，决定了公共艺术的形式和内容可以非常多样，公共艺术不仅是视觉艺术，还包括表演艺术、装置艺术、多媒体艺术等多种形式，包括但不限于雕塑、壁画、装置、行为等。这种多样性可以使公共艺术以多种方式反映和表达社会现象，从而提高具体艺术作品的表达力和影响力，更好地吸引和触动公众。

（二）公共性

公共艺术通常在公共空间中展示，这些空间可以是城市的街道、公园、广场，也可以是其他任何公众都可以访问的地方。公共艺术的公共性不仅体现在其展示的位置，也体现在其创作的过程。很多公共艺术项目鼓励社区的参与和反馈，使得艺术的创作过程成为社区建设和公民参与的一个重要手段。

公共艺术因为是公共的，所以必须具有公众性。这就意味着公共艺术作品需要为公众所接受和理解。公共艺术作品不仅要能够吸引观众的注意，更要能够引发观众的共鸣。同时，公共艺术作品需要与公众进行互动，激发公众的参与和反思。

公共艺术的创作和展示过程通常涉及公众的参与，这种参与可以是对艺术作品的观看和评价，也可以是对艺术创作过程的直接参与。这种参与性使公众成为艺术的接受者，也使他们成为艺术的创作者，从而使艺术的创作和欣赏过程变得民主和开放。

（三）环境性

公共艺术是在公共环境中展出的，因此它必须具有环境性。这就要求公共艺术作品与其周围的环境相协调，能够融入环境。同时，公共艺术作品需要对环境产生积极的影响，如改善环境的美观性、提高环境的舒适度等。

在城市建设领域，公共艺术还与城市规划和建筑设计有密切的关系。许多城市将公共艺术作为城市美化和社区建设的一部分，将艺术作品融入城市的公共设施和建筑，这提高了城市的审美品质，也使得艺术贴近公众的日常生活。例如，安迪·高兹沃斯（Andy Goldsworthy），他的作品主要在自然环境中创作，通过改变自然景观来表达艺术观念，其作品包括在冰原上刻画线条、在河流上放置彩色石头等。这些作品无须借助任何人工构筑物，完全融入自然环境，使人们以一种全新的方式来感知和理解自然。其作品充分展示了公共艺术与自然环境的紧密联系。

（四）社会性

公共艺术需要大众实现参与和评论，从这个角度而言，公共艺术本身就拥有极强的社会性。

一方面，作为社会性的艺术，公共艺术需要反映社会现实，表达社会关怀，提出社会批评。它不仅在公共领域内创作和展示，而且反映了社会的价值观、文化传统和历史记忆。艺术家通过公共艺术向公众传达信息，引发公众的思考和讨论，从而实现艺术与社会的交流和互动。这种社会性是公共艺术的一种基本特征，也是其与其他艺术形式的一个重要区别。

公共艺术的创作和展示往往面临许多社会层面的挑战，包括物理环境的限制、法律和政策的约束、社会和文化的差异等。艺术家需要在这些挑战中寻找创作的灵感和可能，通过艺术作品来应对这些挑战，从而使艺术作品具有更深远的意义和影响力。

另一方面，公共艺术的诞生与政治环境有极大关系，因此也属于政治性的艺术。公共艺术需要对政治现象进行揭示和批判，表达政治立场和政治观点。

班克斯（Banksy)是一个极其神秘而又大名鼎鼎的英国街头涂鸦画家，之所以"极其神秘"是因为"班克斯"只是化名，之所以"大名鼎鼎"是因为其作品以尖锐的社会和政治讽刺而家喻户晓。其作品主要在城市的公共空间中创作，包括建筑物的墙壁、广告牌、公共设施等。其作品通常会以幽默、讽刺的方式揭示社会现象，引发公众的思考和讨论。

公共艺术作品通常带有某种社会和文化的信息，这些信息可能是对社会现象的直接反映，也可能是对环境问题的批判，或者是对历史事件的纪念。这种对社会和环境的反映与批判是公共艺术的一个重要功能，使得公共艺术作品不仅是美的展示，还是思考和讨论的触发器。

下面以英国艺术家阿尼什·卡普尔（Anish Kapoor）的作品《云门》为例来分析公共艺术的特征。

《云门》位于美国芝加哥的米莱尼亚公园内，这件作品是一个巨大的不锈钢雕塑，表面如镜面般光滑，可以反射出周围的城市景象和天空。观众从雕塑的两侧走进去，可以看到自己与其他观众的形象在雕塑内部被扭曲和反射。这个作品成为芝加哥的地标之一，吸引了大量的游客和居民前来参观和互动。

《云门》的艺术性体现在其独特的设计和高超的工艺上。它的形状既像一个巨大的豆子，又像一个门户，给人以强烈的视觉冲击。其表面如镜面般光滑，可以反射出周围的景象，使得雕塑和环境相互融合，展现出一种动态的美感。

《云门》的公共性体现在其开放的设计和互动的特性上。其不仅是一个供人欣赏的雕塑，更是一个供人参与的空间。观众可以走进雕塑内部，看到自己的形象在其中被扭曲和反射，从而产生一种身临其境的感觉。这种设计鼓励了观众与作品的互动，使得观众成为艺术创作的一部分。

《云门》的环境性体现在其与环境的融合上。它的表面可以反射出周围的城市景象和天空，使得雕塑和环境相互交融，形成一种独特的景观。同时，它的存在改善了公园的景观，提高了公园的美观性。

《云门》的社会性体现在其对城市和社会的反映上。它反射出的城市景象和天空，既是对芝加哥城市的赞美，也是对城市生活的反思。同时，观众在雕塑内部看到自己的形象被扭曲和反射，也可以理解为对个体在社会中地位的探讨。

第二节　公共艺术与社会

公共艺术与社会拥有复杂且多样的关系，以下从公共艺术与宏观社会的关系、公共艺术与城市社会的关系、公共艺术与社会多方角度的关系三个层面进行具体的分析。

一、公共艺术与宏观社会的关系

从宏观社会角度来看，公共艺术不仅是社会的重要组成部分，而且与宏观社会之间的关系是不断变化的动态形式。有时一个公共艺术作品在完成初期并未被公众所接受，但随着时间的推移和社会的发展，这件作品甚至能够成为地标性建筑。

（一）公共艺术与宏观社会的和谐共存关系

公共艺术广泛存在于各种社会公共空间中，因此一个重要功能就是提供开放的公共空间。在城市规划和设计中，公共艺术作品常常被用来创建或提升公共空间的质量。例如，公共雕塑、壁画和公共装置等可以用来装饰城市的广场、公园或者街道。这些艺术作品不仅可以提升这些地方的美学价值，也可以提供一个公共的集会或活动的场所。这样，公共艺术作品就成为社区的标志，甚至可以帮助塑造社区的身份和文化。

另外，公共艺术还拥有很强的互动性。公共艺术作品是在公共空间中展示的，因此，它们更容易接触到广大的公众。公众可以在日常生活中随时欣赏到这些艺术作品，甚至可以互动参与。

一些公共艺术作品可能会邀请公众参与创作，或者在艺术作品中留下观众创作的痕迹。这样，公共艺术作品不仅提供了艺术的欣赏，也提供了艺术的体验，从而使得艺术成为公众生活的一部分。

公共艺术作品还常常是社会和文化的反映。艺术家在创作公共艺术作品时，通常会考虑到当地的历史、文化和社会环境。因此，公共艺术作品往往包含了丰富的社会和文化信息。

一些公共艺术作品可能会反映当地的历史事件，展示当地的民族文化，或者评论当下的社会问题。这样，公共艺术作品就成了社会和文化的载体，从而在某种程度上塑造公众对社会和文化的理解。

（二）公共艺术与宏观社会的动态矛盾关系

公共艺术与社会的关系并非总是和谐的，在某些情况下，公共艺术作品可能会引发争议。例如，一些公共艺术作品可能因为其主题、表现手法、或者位置等问题而引发公众的争议。这些争议不仅展现了公众对艺术的多元化理解和接受程度，还暴露出社会中存在的矛盾和分歧。

这些争议也是公共艺术与社会关系的重要组成部分，它们可以引发公众的深入讨论和反思，从而推动社会的进步。

通常，公共艺术也会体现公共利益的追求。这就要求公共艺术作品需要考虑到公众的需求和利益，需要尊重公众的多样性和包容性，艺术家在创作公共艺术作品时，不仅要有艺术的视野和技巧，还需要有公共服务的意识和责任感，否则就容易使公共艺术作品和社会之间产生争议和矛盾。例如，安东尼·戈姆雷（Antony Gormley）的《北方天使》，该雕塑位于英格兰的盖茨黑德，是为了庆祝该地区的工业遗产而创作的。这个巨大的钢铁天使矗立于风景如画的乡村，提醒人们这个地区曾经是英国工业革命的心脏地带。借助该作品的展示，推动了公众对社会历史的深入理解。

中国艺术家艾未未的《孔雀自由》，该雕塑位于伦敦的泰特现代美术馆，由6000个孔雀羽毛手工编织而成，象征着艺术家对自由和人权的追求，同时该作品表达和倡导了很多社会公众的价值诉求，引发了公众对社会价值的反思和讨论。

另外，公共艺术作品常常被政府、企业或者其他权力机构用来传达特定的信息，塑造特定的公共形象。在这种情况下，公共艺术作品就成为权力的工具，可能会遭受公众的质疑和抵制。因此，如何在追求艺术表达和满足公共利益之间找到平衡，如何在尊重艺术家的创作自由和满足社会需求之间找到平衡，是公共艺术面临的重要问题。

例如，美国纽约市的《冲锋牛》雕塑，是由艺术家阿图罗·迪·莫迪卡（Arturo Di Modica）于 1989 年创作，原本是对 1987 年股市崩盘的评论，当时对整个纽约社会造成了巨大冲击，也引发了巨大争议。然而，这个雕塑后来被纽约市接受为公共艺术作品，甚至成了华尔街的标志。

公共艺术作品既是社会的反映，也是社会的塑造者。它们提供了一个公共的平台，让艺术家、公众和社会各方面的力量进行互动和对话。在这个过程中，公共艺术作品提升了社会公众的生活质量，也推动了公众能够对社会和文化形成更深思考与理解。

二、公共艺术与城市社会的关系

公共空间因其"公共"的属性，常常被人们视为理所当然，如同被夹在两栋建筑物之间的空白，被人们视为设计的剩余部分。这些空白的公共空间，则正是需要关注的公共艺术的重要领域所在。

公共艺术设计师必须探讨如何设计这个"白"的空间，让它与建筑物相互衬托，形成一个都市的整体。在这个意义上，公共艺术的研究就是对公共空间的研究，公共艺术的设计也就是对公共空间的设计。

（一）公共艺术与城市社会的精神文化

高楼耸立的现代城市，这些被遗忘的空白构成了城市的脉络，这使公共空间成了现代城市结构的一个重要组成部分。从现象学角度来看城市空间关系构成，它是由不同行业、社会、文化等形成的公共聚集的区域。这也说明，这些公共空间并不是现代都市变迁中的偶然产物，而是具有内在特性的区域聚集，是市民生活内在规律的体现。

公共艺术呈现不同的性格。从视觉审美的看，基本与公共艺术家们的创作有密切联系，作品体现当地居民的认同感和归属感。它包括地域文化认知与表达、空间造型解构与重构、新材质的运用与互动、人文活动与心理情感展现等。

公共艺术具有精神属性。它作为受众需要的文化艺术传播媒介，在丰富市民的现实生活、促进城市文化艺术发展等方面发挥着积极的作用。它既是都市精神生活的集中体现，也是时代精神的活化石。

（二）公共艺术与城市社会的文明底蕴

在人类文明的历程中，城市建设与发展离不开公共艺术。城市环境的改造升级，实际上是公共艺术品不断推陈出新的一种外在表现。特别是城市中的古街区、文化广场、广场雕塑等地标性建筑，这些公共艺术元素构成了丰富的城市文化底蕴。

总览中国城市，从沿海到中原，再到西部，各区域的城市各有不同，公共艺术也伴随着当地文化呈现各自的面貌，你会陶醉其中，深刻感悟和理解公共艺术的真谛。

通过深入研究和设计，才能够使城市公共空间和公共艺术更好地融入城市生活，更好地展现出城市的历史、文化和市民的生活状态。最终为公众提供一个美好生动的城市生活环境，同时能够提升公众的生活质量，

三、公共艺术与社会多方角度的关系

公共艺术与社会的关系是一种动态的、互动的过程，它从多个维度反映了社会的各种力量和需求。以下从公共艺术与大众权力等6个角度详细分析。具体内容可参照图1-2。

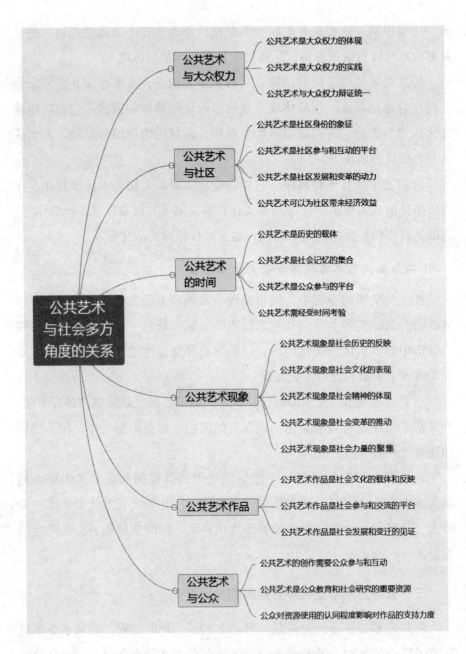

图 1-2 公共艺术与社会多方角度的关系

（一）公共艺术与大众权力

公共艺术与大众权力的关系是一个核心议题。公共艺术作品通常由公共资金资助，因此公众对它们的创作和展示有一定的权力。在某种程度上，公共艺术是公众对艺术的共同拥有和享用。

公共艺术与大众权力在公共空间中共同发挥着重要的作用，而理解这种关系对于我们理解和使用公共空间，以及欣赏和理解公共艺术具有重要意义。公共艺术通过展示在公共空间中，向大众传达艺术家的创作理念，引发公众的思考和对话，这就使得公共艺术与大众权力有着密切联系。

公共艺术是大众权力的体现，公共艺术作品往往通过反映社会现象，表达公众的观点和态度，从而成为公众权力的象征。这些艺术作品既可以是对社会问题的批评，也可以是对特定历史事件或个人的纪念，或是对未来理想的展望。这些都是大众权力在公共空间中的展现。

公共艺术同时是大众权力的实践。公共艺术的创作和展示过程，往往需要广泛的公众参与和社区支持。这些参与者可以是艺术家、策展人、政策制定者、社区成员等，他们通过共同的努力，把公共艺术作品带到公共空间中，从而实践了大众权力，这种公众参与可以增加公共艺术的影响力。

然而，公共艺术与大众权力的关系也可能引发冲突和争议。因为公共艺术作品往往需要在公共空间中长期展示，这就需要公众对其内容和形式达成共识。然而，由于公众的观点和态度各不相同，这种共识往往很难达成。这就可能引发关于公共艺术作品是否应该被接受，以及如何解读公共艺术作品的争议。在这种情况下，大众权力既是推动公共艺术创作和展示的动力，又可能成为限制公共艺术的障碍。

英国的"第四台"项目就是一个很好的例子。这个项目通过公众投票决定在伦敦的第四台上展示哪些艺术作品，公众能够直接参与艺术决策的过程。

（二）公共艺术与社区

公共艺术作品通常位于公共空间，因此它们与社区的关系密切，良好的公共艺术作品不仅能够美化环境，也能够提升社区的身份认同感和凝聚力。公共艺术与社区的关系可以说是一种不断互动的关系，它们之间的相互影响深远而复杂。公共艺术是社区文化的重要组成部分，同时反映了社区的价值观和身份认同。

首先，公共艺术是社区身份的象征。公共艺术作品往往描绘了社区的历史、文化和特色，它们成为社区的象征和标志，代表了社区的身份和价值。这些艺术作品提供了社区成员对自己社区的认同感，也向外界展示了社区的独特性。公共艺术作品的存在，使得每个社区都拥有独一无二的视觉形象和文化象征，提升了社区的认同感和归属感。

其次，公共艺术是社区参与和互动的平台。公共艺术的创作、安装和展示过程往往需要社区成员的参与。这种参与不仅体现在艺术创作过程中，也体现在艺术作品的解读和体验中。通过参与公共艺术的创作和体验，社区成员能够互相交流和学习，增进人们的相互理解，加深人们的友谊，同时提升人们对自己所处的环境的认同感和归属感。此外，公共艺术作品往往成为社区活动和节庆的中心，提供了社区成员聚集和交流的空间，从而加强了社区的凝聚力和活力。

再次，公共艺术可以成为社区发展和变革的驱动力。公共艺术的创作和展示往往反映了社区成员对社区现状的反思和批判。例如，一些公共艺术作品可能揭示和批判社区中存在的问题和不公，包括贫富差距、种族歧视、环境污染等。这种批判性的公共艺术可以激发社区成员对社区问题的关注和行动，推动社区的改革和进步。同时，公共艺术可以描绘和宣传社区的理想和愿景，鼓励当地人积极参与社区建设，实现社区的发展和改变。

最后，公共艺术可以为社区带来经济效益。艺术品的创作、展示和维护可以创造就业机会，提供收入来源。公共艺术的存在也可以吸引游客和投资，促进旅游和商业发展。此外，公共艺术可以提升社区的形象和声誉，吸引更多的居民和企业入驻，从而提高社区的经济价值。

当然，公共艺术与社区的关系也可能引发冲突和争议。公共艺术作品往往需要在公共空间中长期展示，这就需要社区成员对其内容和形式达成共识。然而，由于社区成员的观点和态度各不相同，这种共识往往很难达成。这就可能引发关于公共艺术作品是否应该被接受，以及如何解读公共艺术作品的争议。在这种情况下，社区的多元性和开放性变得至关重要。社区需要为公共艺术提供一个开放和包容的环境，尊重不同的观点和解读，促进对公共艺术的多元理解和欣赏。

（三）公共艺术的时间

公共艺术与社会的关系可以从时间维度着手进行分析。时间的流逝对公共艺术与社会的关系产生着深远影响，尤其在历史、记忆、社会变迁和公众参与等方面，公共艺术与社会的关系进一步显现。

公共艺术是历史的载体。城市空间设计，公共艺术在某种程度上反映了它诞生时的社会文化环境。每一件公共艺术作品都是一个历史的缩影，讲述着一个城市或社区的过去。每一处公共艺术的存在，都是历史的印记，反映了当时社会的风貌、人们的生活方式，以及艺术家的创作理念。因此，公共艺术与社会的关系是一种历史的关系，它让我们看到了时间的痕迹，使得过去成为可以触摸和理解的现实。

公共艺术是社会记忆的集合。公共艺术作品创作来源于很多与当地有关的历史事件或当地的名人，它们在某种程度上帮助塑造了社区的集体记忆。人们在公共空间中遇到的雕塑、壁画和建筑，可以引发他们对过去的回忆，激发他们的情感，增强他们对社区的归属感。因此，公共艺术与社会的关系也是一种记忆的关系，它是人们共享的记忆，是社区的历史和文化遗产。

从一定角度而言，公共艺术反映了社会变迁。随着社会的发展，公共艺术的主题、形式和风格也会随之变化。这些变化不仅体现了社会价值观的转变，也反映了人们审美观念的演变。此外，公共艺术的创作和维护也会受到社会经济状况的影响。因此，公共艺术与社会的关系是一种动态的关系，它是社会变迁的镜像，是社会发展的见证。

同时，公共艺术是公众参与的平台。公共艺术的创作、展示和维护，需要公众的参与和支持。公众参与不仅能够丰富公共艺术的内容和形式，也能够增强公共艺术的社会影响力和价值。公众参与公共艺术的过程，也是他们参与社会公共生活、表达个人观点、推动社会进步的过程。因此，公共艺术与社会的关系也是一种参与的关系，它连接了艺术家和公众，连接了艺术和生活。

公共艺术作品通常还需要经受时间的考验，因此它们需要具有一定的耐久性。然而，公共艺术也可以是临时的，如街头艺术和行为艺术。这些临时性的公共艺术作品强调的是艺术与日常生活的紧密联系，以及艺术的即时性和流动性。

在时间维度上，公共艺术与社会的关系显得复杂和深刻。公共艺术不仅是历史的载体和社会记忆的集合，也是社会变迁的反映和公众参与的平台。它在时间的流逝中，记录了社会的变迁，保留了历史的记忆，激发了公众的参与，塑造了社区的身份。同时，它在不断地影响和塑造着社会，推动着社会的发展和进步。

由于公共艺术的公共性和开放性，它常常会引发公众的争议和冲突。例如，公众对公共艺术的主题和形式可能有不同的理解和评价，公众对公共艺术的维护和改变可能有不同的需求和期望，公众对公共艺术的价值和意义可能有不同的认知。这些争议和冲突反映了社会的多元化和复杂性，也提醒我们，公共艺术的创作和管理需要尊重公众的多元视角，需要在公众的参与和交流中寻找共识或取得平衡。

（四）公共艺术现象

公共艺术以其独特的形式和内容，成为社会的重要组成部分。它不仅仅是艺术表现的一种方式，更是一种社会现象，可以从各个角度反映社会的变化和发展，这就是公共艺术现象。它把艺术和社会紧密地联系在一起，成为社会历史、社会文化、社会精神的重要载体和表现。

首先，公共艺术现象是社会历史的反映。公共艺术作品往往以城市为背景，以公共空间为舞台，描绘出一个时代的面貌，反映出一个社会的历史。例如，从不同时期的公共雕塑、公共壁画、公共装置等，都可以看出社会历史的痕迹和变迁。它们记录了社会的发展，见证了历史的变化，成为历史的记忆和历史的见证。

其次，公共艺术现象是社会文化的表现。公共艺术作品往往富有文化内涵，体现出一种文化精神和文化价值。例如，从各种民族风情的公共艺术作品、各种地域风格的公共艺术作品，都可以看出社会文化的影子和特点。它们传承了文化、展示了文化，成为文化的载体和文化的表现。

再次，公共艺术现象是社会精神的体现。公共艺术作品往往有着深厚的社会内涵，体现出一种社会观念和社会态度。它们既可以表现出社会的主流价值观，又可以表现出社会的边缘思想。例如，从各种主题的公共艺术作品、各种风格的公共艺术作品，都可以看出社会精神的表现和追求。它们反映了社会、评论了社会，成为社会的镜子和社会的语言。

最后，公共艺术现象也是社会变革的推动。公共艺术作品不仅是社会的反映，也是社会的推动。它们既可以表现出社会的现状，又可以表现出社会的期待。例如，从各种具有启示性的公共艺术作品、各种具有批判性的公共艺术作品，都能揭示社会的问题、促进社会的变革。这些艺术作品以其独特的视角和表现力，引发公众的思考、引导社会的进步、推动社会的发展。

在现代社会中，公共艺术现象更具有重要的社会意义。在公共空间中的艺术作品，如雕塑、壁画、装置艺术等，它们不再仅仅为了审美的需求，更多的是为了公众的参与和体验，为了社会的互动和沟通。这些作品以其开放性和包容性，创造了一个公众可以参与的艺术空间，一个公众可以理解的艺术语言，一个公众可以体验的艺术生活。它们成为公众生活的一部分，成为公众文化的一部分，成为公众社区的一部分。

公共艺术现象还是社会力量的聚集。在创作公共艺术作品的过程中，需要各种社会力量的参与和合作，如艺术家的创作、公众的反馈、政府的支持、企业的赞助、媒体的报道等。这些社会力量的聚集，推动了公共艺术的发展、社会的进步、文化的繁荣。

（五）公共艺术作品

公共艺术作品是公共艺术与社会交互的直接载体，它们以多种形态存在，如雕塑、壁画、装置艺术等，成为都市景观中不可或缺的一部分。这些作品不仅具有审美价值，还承载着深刻的社会意义和文化信息，从而建立起一种特殊的联系，把艺术、社会、公众和空间紧密地联系在一起。公共艺术作品是公共艺术与社会关系的具体表现，这些作品既反映了艺术家的创作理念和技巧，也反映了公众的需求和期待。

公共艺术作品是社会文化的载体和反映。每一件公共艺术作品都是在特定社会文化背景下创作的，它们承载着社会的历史、文化、价值观和公众的情感体验。例如，纪念雕塑常常反映了一个社会群体对历史事件或人物的记忆和敬仰；城市雕塑和壁画反映出一个城市的特色和气质；而一些社区的装置艺术可能揭示了社区居民的生活状态和心态。通过这些作品，我们可以窥见社会的面貌、理解社会的发展。

公共艺术作品是社会参与和交流的平台。它们面向所有人，开放、包容和互动。公众可以自由地观赏、体验和理解这些作品，甚至可以参与作品的创作和展示。这种参与和交流，让公众有更多的机会接触和理解艺术，同时让艺术家有更多的机会了解和反映社会。

公共艺术作品是社会变迁和发展的见证。随着社会的发展和变迁，公共艺术作品也在不断地更新和变化。一些旧的作品可能会因为社会的变迁而消失，一些新的作品可能会因为社会的需求而出现。这些作品的变迁和发展，反映了社会的动态和趋势，促进了社会的进步和发展。

（六）公共艺术与公众

公众是公共艺术的核心组成部分，公众既是公共艺术的观众，也是其创作者和评价者。公众对公共艺术的接受程度和评价直接影响公共艺术的发展和成功。因此，良好的公共艺术作品需要与公众进行有效的沟通和互动。

公共艺术作品直接与公众的生活紧密相连。这种公共性使公共艺术作品能够被广大公众接触和欣赏，而且使公共艺术成为公众日常生活的一部分。

公共艺术的创作往往需要公众的参与和互动。一方面，公共艺术的创作常常借鉴和反映了公众的经验和视角，因此，公众在一定程度上是公共艺术创作的共创者。另一方面，公共艺术的欣赏和解读需要公众的参与和互动。公众的反应和评论影响着公共艺术作品的接受程度和影响力，而且影响着公共艺术的创作方向和风格。因此，公众在公共艺术的创作和欣赏过程中起着重要的角色作用。

公共艺术也是公众教育和社会研究的重要资源。公共艺术作品通常具有较高的艺术价值和社会意义，是公众接触和理解艺术与社会问题的重要途径。通过公共艺术，公众可以学习艺术知识和技能，提升审美品位，深化对社会现象和问题的认识。因此，公共艺术有助于提高公众的教育水平和社会责任感。

公共艺术作品是公开展示的，因此，公众对公共艺术的理解和接受程度可能会受到其个人经验、文化背景和价值观的影响。有些公众可能会对某些公共艺术作品产生误解或排斥，甚至可能对公共艺术产生破坏和侮辱。此外，公共艺术的创作和展示通常需要公共资源的投入，因此，公众对公共艺术的支持程度也可能会受到其对公共资源使用的认同程度的影响。

英国艺术家安东尼·戈姆雷（Antony Gormley）的"另一处"项目就是一个很好的例子。这个项目在克罗斯比海滩上安装了100个铸铁人体雕塑，引发了公众的广泛讨论和参与。

第三节　公共艺术与环境

公共艺术与环境的关系是重要且复杂的课题。这种关系既包括公共艺术作品如何影响和改变环境，也包括环境如何影响和塑造公共艺术作品。

一、公共艺术与自然环境的关系

公共艺术作品通常是在特定的自然环境中创作和展示的，这个环境包括地理位置、气候条件、生态系统等因素。这些因素影响了公共艺术作品的创作和展示，也影响了公共艺术作品的形式和内容。

一些公共艺术作品可能会利用自然环境的特征，如山形、水流、风向等，来设计和实现作品的形式和内容。这样的作品既能够融入自然环境，又能够反映和强调自然环境的特征。同时，公共艺术作品可能会对自然环境产生影响。例如，一些大型的公共艺术作品可能会改变环境的地形和景观，一些光影的公共艺术作品可能会改变环境的光照和视觉效果，一些声音的公共艺术作品可能会改变环境的声音和听觉感受。

（一）天人合一思想与现代设计思想

公共艺术与自然环境之间的关系是一种深度交融与相互影响的关

系。在古代，天人合一的思想使得公共艺术与自然环境的关系更为紧密；而在现代，设计思想的引入，使得公共艺术在自然环境中的表现多元与丰富。

从古人天人合一的思想来看，公共艺术与自然环境之间的关系体现在对天地、人与自然的深度理解与尊重上。这种思想在公共艺术中得到了充分体现，艺术家们尽可能地使艺术作品融入自然、尊重自然，尽力减少对自然环境的破坏，体现人与自然和谐共生的理念。

然而，随着现代设计思想的引入，公共艺术与自然环境的关系产生了新的变化。现代设计思想强调人的主观能动性，艺术家们通过创新的设计，使艺术作品在自然环境中独立出来，形成鲜明个性。在这种思想的影响下，公共艺术作品不再只是简单地融入自然，而是在尊重自然的基础上，强调艺术作品的人文精神和社会功能。

（二）人造环境与自然环境的有机融合

公共艺术与自然环境之间的深层关系，主要体现在对于空间的深度认识与利用之上，即人造环境与自然环境的融合。人造环境就是人造的物质环境，而不是地球上原来就有的自然环境，是人类创建的环境，也是人类特有的环境，自然环境是人类居住的空间环境中的自然因素的总和。

在公共艺术的创作过程中，艺术家们需要考虑到人造环境与自然环境的关系，使二者能够和谐共生，创造出既有人文气息又能融入自然的公共艺术作品。

公共艺术与环境的关系是一种深度交融的关系，它体现在公共艺术如何融入环境、如何与环境互动、如何影响和改变环境。公共艺术与环境关系的最好体现是人造环境与自然环境的融合。接下来，我们从人造环境与自然环境融合的角度，详细阐述公共艺术与环境关系。

人造环境与自然环境的融合是公共艺术创作的一种重要策略，它体现了公共艺术对环境的尊重和对生活的理解。人造环境通常是为了满足人的生活需要而建造的，如建筑、道路、桥梁等，它们都是人类生活的载体。而自然环境是人类生活的基础，包括山、水、树木、动物等，它们构成了人类的生活环境。公共艺术的创作，需要将这两种环境融合，创造出既有人的生活气息又能与自然和谐共生的作品。

公共艺术的创作需要考虑到人造环境的特性，如建筑的形状、道路的走向、桥梁的结构等，以此为基础进行艺术创作。同时，公共艺术的创作需要考虑到自然环境的特性，如山的形状、水的流动、树木的生长等，将这些自然元素融入艺术创作，艺术作品能够与自然环境和谐共生。这种融合体现了公共艺术对环境的尊重，也体现了公共艺术对生活的理解。

公共艺术与环境的关系也体现在公共艺术如何改变环境。公共艺术作品的出现，往往能够改变环境的面貌，使原本平凡的环境变得丰富多彩，充满艺术气息。如一座座雕塑、一幅幅壁画，它们都能够使得环境变得更加美丽、更加有生活气息。同时，公共艺术作品的出现，能够提高人们的环境意识。

"水上公园"的设计就是一个很好的例子。这个公园位于荷兰鹿特丹，由 BIG 建筑事务所设计。它的设计理念是将人造环境与自然环境完美融合，创造一个既能满足人们娱乐休闲需求又能适应自然环境变化的公共空间。

这个公园的主体是一座巨大的绿色山丘，山丘内部是一个多功能的空间，可以用作音乐会、电影展示等活动；山丘外部是一个绿色的草坪，人们可以在这里休闲、野餐、游玩。这个公园还考虑到水位变化的问题，设计了一个可以随着水位变化而变化的水域，公园在任何时候都能够正常运行。这个公园的设计充分体现了公共艺术与环境的关系，它将人造环境与自然环境进行了完美融合，创造了一个既符合人的需求又符合自然规律的公共空间。

（三）公共艺术对自然环境中自然元素的利用

公共艺术与自然环境之间的关系体现在公共艺术对于山、水、气候、动物和人等自然元素的深度利用与表现方面。山水画是中国传统公共艺术的重要表现形式，它深入挖掘了山、水等自然元素的象征意义，将人的情感与自然环境相结合，形成了独特的艺术魅力。在现代公共艺术中，艺术家们会充分利用自然元素，如通过雕塑、装置等形式，表现山、水、气候等自然环境的变化，从而使公共艺术作品具有更强的现实感与生活气息。

从山的角度来看，山体在公共艺术中经常被用作背景或者主题。一些公共艺术作品就直接选择在山体上进行创作，利用山体的自然形状和质地，创作出各种各样的艺术作品。例如，云南省的石林景区，那些形态各异的岩石，经过亿万年的风雨侵蚀，形成了如诗如画的自然景观，这本身就是一种公共艺术的表现形式。此外，一些艺术家会选择在山体上创作大型的雕塑或者壁画，使得山体成为艺术作品的一部分，从而表达出对自然的敬畏和对生命的热爱。

从水的角度来看，水是公共艺术中非常重要的元素。水具有流动性和可变性，可以创造出各种不同的效果。一些公共艺术作品就利用水的反射效果，创作出如梦如幻的视觉效果。威尼斯的水上城市就是一个活生生的例子，水道曲曲折折，构成了一个独特的公共艺术空间。还有一些艺术作品会利用水的流动性，创作出动态的艺术作品，使得艺术作品具有了生命力。

从气候的角度来看，气候也是公共艺术中的重要元素。不同的气候条件，可以创造出不同的艺术效果。一些公共艺术作品就会利用雪、雨、雾等气候条件，创作出不同的艺术效果。中国东北的雪雕、冰雕艺术节就是很好的例子，艺术家们利用雪和冰元素，创作出各种精美的雪雕和冰雕，吸引了大量的观众。还有一些艺术家会利用阳光、风等气候条件，创作出动态的、随着气候变化而变化的艺术作品，使得艺术作品充满了生命力和活力。

从动物的角度来看，一些公共艺术作品就会利用动物的形象，创作出各种各样的艺术作品。例如，澳大利亚悉尼的塔鲁加动物公园里，有一个名为"动物足迹"的公共艺术项目，艺术家们用动物的足迹创作出一系列的艺术作品，旨在唤起人们对动物保护的意识。此外，一些艺术作品会利用动物的行为，创作出富有动态的艺术作品，使得艺术作品充满了生命力。

而从人的角度来看，人是公共艺术中的核心元素，公共艺术作品往往是围绕人的需求和感受进行创作的，目的是提升人们的生活质量、增强人们的社区归属感。一些公共艺术作品会利用人的行为，创作出具有互动性的艺术作品，使得人们可以直接参与艺术作品，感受艺术的魅力。还有一些艺术作品会利用人的情绪，创作出可以触动人心的艺术作品，使得人们在欣赏中共鸣。

公共艺术与自然环境之间的关系是一种多元、复杂的关系，它既包括古人天人合一的思想，也包括现代设计思想；既包括人造环境与自然环境的融合，也包括具体的自然环境中的公共艺术。这种关系在公共艺术的创作过程中起着重要的作用，它不仅影响着公共艺术作品的形式与内容，还影响着公共艺术作品的接受与评价。

二、公共艺术与社会环境的关系

社会环境主要是指一个社会的政治、经济、教育、科技等各种条件，这些条件对公共艺术作品的创作和展示有着深刻的影响。一个开放、自由、富有创新精神的社会环境，可能会催生出各种新颖、独特且富有挑战性的公共艺术作品；而一个保守、封闭、缺乏创新的社会环境，可能会限制公共艺术作品的创新和发展。

相对应，公共艺术作品可能会影响和改变社会环境。例如，一些具有启发和挑战性的公共艺术作品、可能会启发人们的思考、挑战社会的观念、推动社会的进步；而一些具有教育和启蒙性的公共艺术作品，可能会提高人们的艺术素养、促进社会的艺术教育。

（一）社会环境对公共艺术的影响

公共艺术与社会环境之间的互动关系是一种复杂多元的交织状态，双方相互影响、相互塑造。社会环境的状态，自然会影响作为公共空间装饰物的公共艺术的呈现。

通常情况下，开放性社会环境是公共艺术的重要基础。开放社会强调多元化、包容性和自由表达，这为公共艺术提供了广阔的发展空间。在北京798艺术区，公共艺术作品遍布各个角落，从巨大的装置艺术，到小巧的雕塑，再到涂鸦艺术，应有尽有。这些作品各具特色，反映了开放社会中艺术家们的多元思考和自由创作。

相反，封闭式社会环境可能会限制公共艺术的发展。在这种环境下，公共艺术可能会受到审查和限制，艺术家的创作可能会受到压抑，当然，即使在这种情况下，公共艺术依然可以成为反抗和表达的工具。

随着社会的快速发展，如今整个社会环境更加多样性和多元化，在这样的社会环境中，公共艺术可以反映出社会的多样性。多元化社会环境鼓励多元文化的融合和交流。例如，上海滩的公共艺术作品就融合了东西方的艺术元素，体现了上海作为国际大都市的多元文化。

随着科技的快速发展，如今的社会已经步入现代化社会环境，其同样为公共艺术提供了全新的创作手段和表现形式。如数字艺术、互动艺术等新型公共艺术形式应运而生。上海外滩灯光秀就利用了现代科技，通过灯光和音乐，创造出独特的视听效果，吸引了大量观众。

（二）公共艺术对社会环境的影响

公共艺术作为一种开放且处于公共空间的艺术形式，会在潜移默化中塑造和反映社会环境状态，也会有效影响所处社会环境中的人、促进社会的变革、加强社会教育和社会反思。

公共艺术作品不仅仅是装饰性的元素，它们在很大程度上塑造更反映了我们生活的社会环境，对文化遗产的维护、对公共空间的重新定义等。

艺术家可以通过作品反映社会的真实面貌，揭示社会问题，引发公众的思考。如艾未未的《孙花》就是对社会问题的深刻反映，他用回收的学生书包制作的作品，悼念汶川地震中的遇难学生，引发了人们对社会问题的深思。又如，柏林墙上的涂鸦艺术就是对历史事件和政治问题的强烈反应，体现了艺术家对社会环境的关注和思考。

公共艺术还会对社会环境中的人们产生了深远影响。公共艺术作品通常是公开展示的，这意味着它们对所有人是开放的，不论年龄、性别、种族或社会地位。通过观赏这些艺术作品，人们可以享受艺术的美感，同时能感受到艺术所传达的思想和情感。

一些公共艺术项目还会鼓励公众参与，人们有机会直接参与艺术创作过程，从而深入地理解艺术和社会环境的关系。一些社区艺术项目会邀请社区居民共同创作壁画或雕塑，这能让人们体验到艺术创作的乐趣，同时能增强社区的凝聚力和身份认同感。

公共艺术作品通常能够触动人们的情感，激发人们的想象力，甚至改变人们的行为。例如，北京奥运公园的"鸟巢"和"水立方"，不仅是建筑艺术的瑰宝，也是北京的象征和骄傲，极大程度地加强了人们对北京这座城市的认同感。

公共艺术还可以作为促进社会变革的工具。一方面，公共艺术作品常常关注社会问题，通过艺术的方式呼吁公众对这些问题的关注。例如，一些公共艺术作品会关注环境保护、社会公正、人权等问题，通过艺术的力量引发公众的思考和讨论。另一方面，公共艺术项目可以作为社区发展和改善的工具。例如，一些城市会通过公共艺术项目改善城市环境，吸引游客，促进经济发展。

很多公共艺术作品可以引发社会对话，激发公众行动，推动社会进步。如杨洋的《平等》雕塑，位于北京的一个公园中，它由两个相互依赖的形状组成，象征男性和女性的平等，引发了人们对性别平等的讨论。

公共艺术还可以加强社会教育和反思。很多公共艺术作品往往富有较强的教育意义，从而能够在一定程度上引导公众思考历史、文化和社会等问题。如雕塑《家破人亡》，通过生动的艺术形式，促使人们牢记历史，并不断反思战争与和平。

公共艺术与社会环境之间的关系是相互影响、相互塑造的。公共艺术作品能反映和塑造社会环境，也能影响和改变社会环境；社会环境为公共艺术提供了发展的土壤，决定了公共艺术的生长方向。

三、公共艺术与文化环境的关系

文化环境主要是指一个社会的文化传统、价值观念、生活方式等因素。这些因素对公共艺术作品的创作和展示有着深远的影响。一个社会的文化传统可能会影响公共艺术作品的风格和主题，一个社会的价值观念可能会影响公共艺术作品的评价和接受，一个社会的生活方式可能会影响公共艺术作品的形式和功能。

公共艺术作品可能会影响和改变文化环境。例如，一些具有独特文化特征的公共艺术作品，可能会弘扬和传承文化传统，而一些具有前瞻性和开放性的公共艺术作品，可能会拓宽和推动文化视野、创新和发展文化形态。

（一）从民族角度来看公共艺术与文化环境的关系

从民族角度来看，公共艺术是一个民族文化的重要体现，每个民族都有自己独特的艺术风格和审美观，这在公共艺术中得到了体现。如中国的公共艺术石狮、龙柱等，是中国传统文化中狮子和龙象征性的体现，它们在公共艺术中的广泛存在，使这些极具民族特色的传统象征和相关的文化内涵得以保存和传承，充满了浓厚的民族风格，它们体现了中国人的审美趣味和文化自信。又如澳大利亚的原住民艺术，其独特的点彩技法和象征图案被广泛应用于公共艺术中，成为澳大利亚文化的重要标志。

公共艺术也为民族文化的创新提供了空间。艺术家们在创作中，往往会将传统的元素与现代的审美理念相结合，从而可以有效推动民族文化的发展，也能够实现民族文化的传承与创新。

（二）从历史角度来看公共艺术与文化环境的关系

从历史角度来看，公共艺术是历史的见证者和记录者，其不仅反映了历史，也影响了历史。一方面，公共艺术作品反映了历史事件和社会背景，人们通过这些艺术作品，可以了解和回顾历史，这对于历史的学习和研究具有重要价值。另一方面，公共艺术作品可以影响历史的走向。例如，美国华盛顿的林肯纪念堂，以及在其前的马丁·路德·金（Martin Luther King）《我有一个梦想》的演讲地点，都是美国历史的重要标记，反映了美国的历史和社会进步。而且这个地点的选择，使得马丁·路德·金的演讲更具有影响力，从而推动了美国的民权运动。

（三）从宗教角度来看公共艺术与文化环境的关系

从宗教角度看，公共艺术是宗教信仰的外在体现和精神寄托。在不同的宗教文化背景下，公共艺术表现出不同的形式和内容。在印度，公共艺术作品往往以神话故事为主题，如大型雕塑《雄狮像》，它通过神话故事的象征，体现了印度人的宗教信仰和精神寻求。

（四）从文化心理角度来看公共艺术与文化环境的关系

从文化心理角度看，公共艺术是社会公众文化心理的反映。公共艺术作品通过对美的追求、对和谐的向往等主题的表达，反映了社会公众的文化心理。

（五）从精神诉求角度来看公共艺术与文化环境的关系

从精神诉求角度来看，公共艺术是人们精神诉求的重要载体。它不仅满足了人们对美的欣赏需求，也满足了人们对思考、对话和表达的需求。

第四节 公共艺术的地域性和场域性

一、公共艺术的地域性

公共艺术的地域性是指公共艺术作品在其形式、内容和意义上，与其所在的特定地理环境、历史背景、文化传统和社会现象有密切联系。这种联系既体现在公共艺术作品的形式和材料上，又体现在其主题和内容上，还体现在其寓意和象征上。

公共艺术的地域性是其独特的艺术特征和社会价值的重要体现。公共艺术的地域性主要体现在其与特定地理环境、历史背景、文化传统和社会现象的密切联系中。作为一个历史悠久、地域广阔、文化丰富的国家，中国的公共艺术作品的地域性表现尤为突出。

（一）公共艺术的地域性特征

公共艺术的地域性特征主要体现在三个方面：一是形式地域性，即公共艺术作品的形式与其所在地的地理环境、历史背景、文化传统和社会现象相适应；二是内容地域性，即公共艺术作品的内容反映了其所在地的地理环境、历史事件、文化传统和社会现象；三是意义地域性，即公共艺术作品的意义。

公共艺术的造型、材料、色彩、技法等形式元素，与其所在地的地理环境、历史背景、文化传统和社会现象紧密相关。如中国西南地区云南大理的三塔，它采用了石材和青铜作为主要材料，形态上采用了典型的汉族宗教建筑形式，与云南地区的地理环境（多石、多铜）、历史背景（汉族文化的影响力）和社会现象（宗教信仰的广泛存在）密切相关。

内容地域性则是指公共艺术作品的主题和内容，与其所在地的地理环境、历史事件、文化传统和社会现象紧密相关。如人民英雄纪念碑，其主题展示了中国人民的斗争历程和英勇精神，与北京作为中国首都的历史背景和社会现象紧密相关。

意义地域性则是指公共艺术作品的寓意和象征，与其所在地的地理环境、历史背景、文化传统和社会现象紧密相关。如广东的醒狮，其寓意是驱邪避害、带来好运，象征了广东人民的乐观精神和对好运的追求，与广东地区的醒狮文化和广东人的乐观精神紧密相关。

以上三个方面的地域性特征，构成了公共艺术地域性的全面体现，使得公共艺术作品成为特定地域文化的重要载体和反映。同时，这种地域性特征也使得公共艺术作品具有了独特的艺术价值和社会价值。

从艺术价值的角度看，公共艺术的地域性特征使其形式、内容和意义都具有了独特的地域特色，增强了公共艺术的艺术吸引力和影响力。

从社会价值的角度看，公共艺术的地域性特征使其成为地方社会的重要反映和影响，促进了地方社会的认同感和凝聚力，加强了地方社会的文化教育和社会教育。

（二）公共艺术的地域性与地域文化的关系

中国公共艺术地域性呈现形式多种多样。例如，人民英雄纪念碑是中国历史和政治文化的重要标志，体现了北京作为中国首都的地域性。西安的兵马俑（图 1-3），是中国古代历史文化的象征，体现了西安作为唐代首都的地域性。

图1-3 兵马俑1号坑（余彩霞摄）

综上所述，公共艺术的地域性是一种公共服务性质的艺术表现形式，植根于特定的地域文化中，并通过积淀和传承地域文化的精髓之后的对外呈现。具有地域性特征的公共艺术作品范畴广泛，包括建筑群落、园林景观、雕塑作品等，而且都属于公众生活的一部分，是公众与艺术零距离接触的重要渠道。

公共艺术的地域性，通常会和地域文化有极深的内在联系，公共艺术的创作主题、形式和表现手法，都应该充分参考和体现城市的历史发展背景和文化脉络。例如，武汉的大禹神话园以大禹治水为背景创作的公共艺术作品，它既符合武汉的历史文化，又彰显我国古代人民的聪明智慧和伟大的民族精神，从而引起公众的强烈情感共鸣和认同感。

公共艺术作品的创作，往往需要选择有文化内涵和艺术渲染力的多样化形式语言。通过将传统地域文化元素符号与现代表达形式结合起来，不仅尊重了历史文化，如洪山广场浮雕壁画巧妙地融入了楚文化元素和符号，还表达了地域文化特色。北京地铁中的《京华神韵》借鉴中国民间剪纸艺术传统纹样和国粹京剧文化，既体现地域文化的特色，又符合公众的审美需求。

在公共艺术作品的创作过程中，展现地域文化的魅力是至关重要的，因为地域文化的内容、形式容易引起受众的情感共鸣。当然，公共艺术的地域性最直接的内容就是实现民族精神的表达。这就需要公共艺术艺术家在创作中既要尊重历史背景，又要深刻理解中华优秀传统文化内涵，同时还有"笔墨当随时代"的精神。

二、公共艺术的场域性

场域性主要用于描述事物在特定的地理、文化、社会环境中的独特性质和特征。一方面强调事物的地理特征，即事物在某一特定地理环境中，受到该环境的影响，形成独特的地理特征；另一方面强调事物的文化特征，即事物在特定的文化环境中，受到该文化的影响，形成独特的文化特征；还有一方面强调事物的社会特征，即事物在特定的社会环境中，受到该社会的影响，形成独特的社会特征。

公共艺术的场域性，是指公共艺术作品在创作和展示过程中，融入了特定的地理、文化、社会环境元素，从而形成了独特的艺术风格和特点。公共艺术作品通常是在特定的地理环境中创作和展示的，因此，它们在形式和内容上往往会反映出该地理环境的特征；公共艺术作品通常会融入特定的文化元素，从而反映出特定文化的特点和价值观；公共艺术作品通常会反映出特定社会环境的特点，如社会风俗、社会价值观、社会热点问题等。

公共艺术的场域性是指公共艺术作品在特定的环境中，如自然场域、景观艺术、公共场域、城市场域、主题性场域、商业空间和私人领域等，融入了环境的特征，形成独特的艺术风格和内涵。

（一）自然场域中的公共艺术

自然场域，顾名思义，是指自然环境中的公共空间，如公园、森林、海滩、湖泊等。自然场域具有独特的开放性、公共性和包容性，人们在这些场所可以自由地接触和感受自然，享受大自然带来的宁静与舒适。

自然场域充满了自然的元素，如树木、草地、水域等，能够为人们提供直接接触和感受自然的机会。人们可以在这些场所进行各种公共活动，如散步、野餐、运动等。自然场域可以容纳各种形式和类型的公共艺术，如雕塑、装置、地景艺术等。

公共艺术在自然场域中的展示，可以丰富自然环境的文化内涵、提升公众的艺术体验。自然场域中的公共艺术往往强调与自然环境的和谐相处，体现出一种生态的理念，艺术家们常常利用自然的材料和形态，创作出具有生态性的艺术作品；强调公众的参与和互动，艺术家们会通过各种手段，如装置、互动艺术等，吸引公众参与艺术的创作和体验；强调空间的塑造和体验，艺术家们通过艺术的手段，如地景艺术、装置艺术等，塑造出独特的艺术空间，提供给公众独特的空间体验。

在自然场域中，公共艺术与自然环境的融合，可以形成一种独特的艺术风格和内涵。这种艺术风格既反映了人与自然的和谐关系，也体现了艺术的创新和突破。例如，英国艺术家安迪·戈尔德沃斯（Andy Goldsworthy）的地景艺术作品《用树画画》，就是以自然为材料、以地景为形式，创造出的一种既融入自然又突出艺术的独特景观，为公众提供了一种全新的艺术体验。

（二）景观艺术中的公共艺术

景观艺术，也称为地景艺术或环境艺术，是一种以特定的景观环境为创作背景，充分利用和调动环境元素，通过艺术的手段塑造和改造景观，创造出具有独特艺术性和景观性的艺术形式。它将艺术创作与景观设计紧密结合，赋予了景观空间新的艺术价值和意义。

景观艺术的创作离不开特定的环境，它需要充分考虑环境的特点和条件，如地形、气候、生态等，以此为依据进行艺术创作。同时，景观艺术不仅仅关注单一的艺术作品，更关注整个景观环境的艺术效果，它通过整体的设计和布局，创造出一种统一而协调的艺术景象。景观艺术是为公众创作的，所以需要考虑公众的需求和感受，提供给公众丰富的视觉享受和艺术体验。

景观艺术可以通过艺术的手段，提升景观的美学价值，使原本平凡的环境变得充满艺术气息；可以通过设计和布局，引导人们的活动和行为，改善空间的使用效果；可以通过艺术的手段，传递和表达特定的文化内涵，提升公众的文化素养和审美水平。

景观艺术中的公共艺术，是指在景观设计和布局中融入的公共艺术作品，如雕塑、装置、壁画等。这种艺术形式既具有景观艺术的环境性和整体性，又具有公共艺术的公共性和社会性。

在中国，景观艺术已经成为城市规划和设计的重要内容。例如，上海滨江绿地的"百年秋千"艺术装置，它由一百把木制的秋千组成，随着风的吹动，秋千轻轻摆动，形成一种如诗如画的景象，这个装置增添了景观的艺术气息，也提供了公众互动的场所，被公众喜爱。

景观艺术和公共艺术的结合，可以创造出具有独特艺术风格和内涵的环境，提升公众的艺术体验，丰富城市的文化生活。景观艺术中的公共艺术，可以采用多种艺术手法和形式，如雕塑、装置、壁画、表演等，形成丰富多样的艺术风格；而且其可以融入深厚的文化内涵，如历史、民俗、生态等，让公众在欣赏艺术的同时也感受到深厚的文化底蕴。

（三）公共场域中的公共艺术

公共场域是指公众可以自由进入和使用的场所，如公园、广场、街道等。其是生活中不可或缺的一部分，是人们交流、活动、休闲的重要场所，同时也是公共艺术展示的重要场地。

公共场域的形成与发展，从最初的集市广场、城市广场，到现代的公园、步行街，甚至到虚拟的网络公共场域，经历了由实体到虚拟、由单一功能到多元功能的转变。

公共场域具有开放性、包容性和多元性。开放性就是公共场域向所有人开放，没有门槛和限制；包容性就是公共场域接纳所有的活动和群体，没有歧视和排斥；多元性就是公共场域可以容纳和包含各种各样的活动和群体，有丰富的文化内涵。

公共艺术在公共场域中展示，可以影响公众的行为和情感，同时能反映和塑造社区的形象和特色。公共艺术能够提升公共场域的美学价值，增强公众的审美体验；能反映和塑造社区的文化内涵；能够为公众提供互动和表达的平台，促进公众的交流和参与。

以北京奥林匹克公园的"鸟巢"和"水立方"为例，这两座建筑作为公共艺术作品，以其独特的设计和艺术装置，不仅提升了公园的美学价值，增强了公众的审美体验，也反映和塑造了中国传统文化和现代设计的融合，增强了社区的凝聚力和认同感。同时，这两座建筑提供了公众的互动和表达平台，引发了公众对奥运精神和体育文化的思考和讨论，促进了公众的交流和参与。

公共艺术在公共场域中的展示，不仅仅是一个简单的艺术表达过程，更是一种特定环境下的艺术创新和社会互动。其中，公共艺术与环境的融合，形成了独特的艺术风格和内涵，体现了公共艺术的场域性特征。

公共艺术作品的独特性在于其与环境的密切关联，每一件公共艺术作品都是与其所处的环境、社区、历史和文化背景紧密相连的。是与其周围环境相融合，形成一个完整的艺术和空间体验。上海的世博园区内的公共艺术作品就是一个很好的例子，其中的公共艺术作品反映了当时世博会的主题，而且与周围的环境、建筑和空间设计形成了一种和谐的整体。

公共艺术作品的内涵不仅来自艺术家的创新和表达，更来自作品与环境、社区和公众的互动。公共艺术作品常常根据所处的环境和社区的特性，引发公众的思考，引导公众的行为，反映和塑造社区的文化价值。

这一点在北京 798 艺术区的公共艺术作品中表现得尤为明显，其中的公共艺术作品融合了工业遗址的历史元素，而且通过与公众的互动，反映了 798 艺术区的创新精神和多元文化。

在公共场域的公共艺术作品向所有人开放，而且接纳所有的观念和表达。在公共场域中，艺术作品常常成为公众交流、互动和表达的媒介，增强了公共场域的社会功能和文化价值。例如，广州市的海心沙公园中的公共艺术作品，通过引入互动元素，鼓励公众的参与和表达，形成了一种独特的公共艺术风格和内涵。

（四）城市场域中的公共艺术

城市场域是指城市的公共空间，包括街道、广场、建筑等。城市场域是构成城市形象、特色与生活方式的重要因素。它是公众生活的舞台，是城市社会、文化、经济等多元复合的空间。

公共艺术作为城市场域的重要组成部分，通过对环境的独特理解和改造，创造出符合城市精神和气质的艺术形象，增强城市的吸引力，同时提供了一个与公众互动交流的平台。

对于城市场域的发展，公共艺术起着关键的作用。在城市化的进程中，公共艺术通过对环境的改造和创新，使城市场域具有更高的美学价值和品质，从而提高城市的吸引力。例如，上海黄浦区的滨江大道，通过在公共空间设置的大型公共艺术装置，将滨江风景线与艺术完美结合，成为上海一张亮丽的城市名片。

城市场域具有独特的特点，它是公众生活的舞台，是城市社会、文化、经济等多元复合的空间。公共艺术在城市场域中，不仅能展示艺术家的创新和表达，也能体现城市的特色和气质，提供给公众一个交流和互动的平台。深圳大运体育馆前的《青春之歌》雕塑，它以青春、运动为主题，寓意大运会的精神，吸引着来往的行人驻足欣赏，与之交流。

公共艺术作品常常需要根据其所处的环境、社区、历史和文化背景来创作，与周围环境相融合，形成一个完整的艺术和空间体验。它不仅需要有高度的艺术性，更需要有社会性、公共性，以满足广大城市公众的审美需求，让艺术真正融入公众的日常生活。

公共艺术可以为城市场域提供一种文化和社会的标识，增强城市的独特性和个性。例如，杭州的西湖景区中的"三潭印月"和"雷峰塔"，既是杭州的标志性建筑，也是重要的公共艺术作品。它们不仅展示了杭州的历史文化和现代化的风貌，还是杭州人民精神风貌的象征，展现了杭州的独特气质。公共艺术在城市场域中的融合，也为城市提供了一种文化和社会的标识。

公共艺术在城市场域中的存在不仅仅是纯粹的艺术表达，更是一种城市精神和文化的体现，它通过与周围环境的互动，形成了独特的艺术风格和内涵。

公共艺术能够根据城市环境的特色和背景，塑造出独特的艺术风格。北京 798 艺术区，早期作为旧工业区的遗址，现在已经成为北京当代艺术的重要代表，吸引着国内外的游客和艺术家，这些工业遗址被赋予新的艺术生命，形成了一种结合工业风格和现代艺术的独特风格。

公共艺术在城市场域中通过融合环境，形成了丰富的内涵。公共艺术作品往往是根据其所在的环境、社区和历史背景来创作的，与周围环境相融合，形成一个完整的艺术和空间体验。深圳湾公园的《春笋》，它以高科技的形态展现了深圳的精神风貌，与周边的高楼大厦相呼应，寓意深圳这座城市的快速发展和无限可能。

公共艺术也能够通过融入环境，提供一种新的观看和体验方式，从而使艺术作品具有更广泛的公众性。例如，成都的宽窄巷子，通过保留和再利用传统建筑，结合现代公共艺术作品的展示，为游客提供了一种全新的历史文化体验。

（五）主题性场域中的公共艺术

主题性场域是指以特定主题为核心的公共空间，如博物馆、艺术馆、纪念馆等。主题性场域的发展源自人类对文化遗产和历史记忆的尊重与保护，以及对特定主题的探索和认识。

主题性场域通常具有非常明确的主题导向，如博物馆以展示和传播知识为主要目标，纪念馆则以纪念历史事件或人物为主，艺术馆则更强调艺术的展示和创新。这种主题导向使得主题性场域在展示公共艺术时，有了明确的指向性和目标性。

主题性场域中的公共艺术，通常需要围绕特定的主题进行创作和展示。这种基于主题的创作方式，使得艺术作品能够更好地传达主题性场域想要表达的信息，加强了艺术作品的针对性和深度。例如，以战争和和平为主题艺术家创作了一系列深具震撼力的艺术作品，使观众能够深刻体验和思考历史。

公共艺术在主题性场域中不仅能够美化环境，提升场域的艺术品位，而且能够创造公众参与的机会，提高公众的艺术素养和认识。更重要的是，公共艺术还能够帮助公众理解和接纳主题性场域的主题，从而提高主题的影响力和认同度。以中国石狮博物馆为例，石狮作为传统文化符号，通过博物馆内部和外部的公共艺术展示，让观众深入地理解和欣赏石狮艺术的内涵和魅力，同时提升了石狮博物馆的文化品位和社会影响力。

主题性场域中的公共艺术往往需要与其环境紧密相融，以便更好地传达特定的主题。这种与环境的深度融合，既体现在物理形态上，如艺术作品与周围建筑、景观的相互影响，也体现在精神内涵上，如艺术作品对主题的理解和表达。公共艺术在这种融合中形成了独特艺术风格和内涵，不仅丰富了场域的艺术氛围，也强化了主题的影响力和认同度。

首先，公共艺术的创作和展示往往需要考虑到主题性场域的具体环境，如建筑风格、环境布局、公众行为等，使艺术作品能够与环境形成和谐统一。这种环境融合使公共艺术具有独特的艺术风格，也提升了场域的整体视觉效果。

其次，公共艺术在主题性场域的创作通常需要围绕特定主题，通过艺术的手段揭示主题的内涵，触动公众的情感，激发公众的思考。这种主题表达使公共艺术具有独特的艺术内涵，也加强了主题的影响力和认同度。

最后，公共艺术在主题性场域的创作和展示通常需要考虑到公众的参与，如公众的观看、体验、互动等，使艺术作品能够真正进入公众的生活，影响公众的行为和情感。这种公众参与使公共艺术具有独特的社会价值，也增强了公众的艺术素养和认知。

（六）商业空间中的公共艺术

商业空间是指商业设施中的公共空间，如购物中心、酒店、餐厅等。随着城市化进程的加速和市场经济的发展，商业空间已经成为城市中不可或缺的一部分。从最初的集市、百货商店，到如今的购物中心、综合体，商业空间的形态不断演变，功能也越发丰富多样。越来越多的商业空间开始重视艺术氛围的营造，引入公共艺术作品，为消费者提供独特的艺术体验。

商业空间以营利为目的，通过提供商品和服务满足消费者的需求。因此，在商业空间中引入公共艺术作品时，需要考虑其对于商业空间经济效益的影响。

商业空间的消费者具有较高的流动性，他们在商业空间中的停留时间相对较短。因此，在商业空间中的公共艺术作品需要具有较高的视觉冲击力，能迅速吸引消费者的关注。商业空间鼓励消费者之间的互动交流，在这里展示的公共艺术作品需要具有一定的互动性，激发消费者的参与和体验。

商业空间中的公共艺术作品往往需要具有较强的视觉冲击力，以便在短时间内吸引消费者的关注。另外，需要考虑其商业价值，如品牌传播、市场营销等方面的作用。

商业空间中的公共艺术作品可以为商业空间增色添彩，提升其空间品质，吸引更多消费者，还可以反映商业空间的品牌特色和价值观，有助于塑造其独特的品牌形象。

北京的三里屯购物中心，引入了众多国内外知名艺术家的公共艺术作品，使商业空间充满了艺术气息，成为一座充满活力和创新的"城市艺术馆"。这些艺术作品既提升了购物中心的空间品质，也塑造了其独特的品牌形象，更丰富了消费者的购物体验，提升了其商业价值。

在商业空间中，公共艺术与其融合的过程，不仅创造了独特的艺术风格，也赋予了空间深层次的内涵。商业空间公共艺术的风格，通常受到商业空间本身的属性，包括品牌形象、设计理念以及市场定位等多重因素影响。例如，奢侈品购物中心可能更倾向于引入典雅、精致的艺术作品，以反映其高端、尊贵的品牌形象；而年轻潮流的购物中心可能更喜欢富有创新和挑战性的现代艺术作品，以此来吸引年轻消费者。通过艺术作品的选择和展示，商业空间可以形成独特的艺术风格，与其市场定位和品牌形象相吻合。

另外，商业空间中的公共艺术不仅需要具有艺术价值，也需要具有商业价值。艺术作品需要能够吸引和留住消费者，提升其消费体验，同时也要能够帮助商业空间传递品牌信息，提升品牌形象。因此，商业空间中的公共艺术往往具有互动性和参与性，让消费者能够参与艺术体验，感受艺术的魅力，同时也深化了对商业空间品牌的认知。这种艺术与商业的互动，创造了商业空间中公共艺术的独特内涵。

商业空间中的公共艺术作品，能够通过视觉、听觉、触觉等多种感官刺激，使消费者在购物的同时，体验到艺术的魅力，享受到艺术化的消费体验。例如，某购物中心可能会在入口处设置一个巨大的艺术装置，吸引消费者的注意力；或者在购物中心的各个角落布置一些小型的艺术作品，让消费者在购物过程中不断发现和欣赏。这些公共艺术作品不仅丰富了消费者的感官体验，也使他们在艺术中找到乐趣，提升了消费者的满意度和忠诚度。

（七）私人领域的公共艺术

私人领域是指个人或家庭的私有空间，如住宅、别墅、办公室等。私人领域的公共艺术，是近年来公共艺术领域的新趋势。私人领域虽然不如公共场所那样开放和多元，但它们对于个人和家庭来说，具有重要的心理和社会意义。

随着生活水平的提高，人们对于个人和家庭空间的要求越来越高。他们不仅需要舒适和便利，也需要美感和个性。因此，公共艺术作品开始进入私人领域，成为家庭装饰和个人品位的象征。例如，一些高端的住宅小区和办公楼，通过引入公共艺术作品，如雕塑、壁画等，为私人领域增添了艺术的气息。

私人领域的特点，决定了公共艺术的展示方式和效果。与公共场所相比，私人领域更加封闭和私密，艺术作品的选择和展示，更能反映个人或家庭的品位和价值观。因此，私人领域中的公共艺术作品，往往更加精致和个性化。他们不仅需要具有艺术价值，也需要符合空间的设计风格和主人的生活习惯。例如，一些设计师会根据业主的需求和喜好，定制独一无二的艺术装置，使之成为私人空间中的亮点。

私人领域中的公共艺术作品，一方面可以美化环境，提升空间的品质，如一个精致的雕塑，可以使家庭或办公室空间焕发新的活力和魅力；另一方面可以传递信息，引发思考，如一幅描绘自然风光的画作，可以使人们在忙碌的生活中，感受到大自然的美丽和和谐。

私人领域中的公共艺术，既是个人和家庭生活品质提升的体现，也是公共艺术发展的新方向。尽管私人领域的公共艺术并不像其在公共场所中的存在那样明显，但它在塑造人们的日常生活环境和提升生活质量方面，起着重要作用。

随着社会经济发展，人们的审美观念会得到一定提升。私人领域中的公共艺术逐渐得到了更多关注和认可。它所表现出的独特艺术风格和内涵，不仅丰富了人们的视觉体验，也增加了人们的精神享受。

从艺术风格的角度来看，私人领域中的公共艺术作品通常更加注重个性化和情感化。这是因为私人领域相比公共空间更具有私密性，公共艺术作品需要更直接地反映和满足个人或家庭的审美需求和情感寄托。因此，私人领域中的公共艺术作品往往更加细腻、深入，能够触动人们的内心。它的设计设计师需要根据主人的需要，结合空间设计原理，定制独一无二的艺术装置，使之成为私人空间中的亮点。

从艺术内涵的角度来看，私人领域中的公共艺术作品往往更强调情感的表达和生活的体验。它们可能没有那么强烈的社会评论意味，但却更能够触动人们的情感，引发人们对生活的思考。例如，一件摆在书房中的艺术品，可能是一个用木头雕刻的读书人，静静地坐在那里，仿佛在告诉人们要静心读书，享受阅读的乐趣。

随着社会的发展和人们生活水平的提高，私人领域中的公共艺术已经变得越来越普遍。很多人开始将艺术品引入自己的家中或者工作场所，以此来提升生活的品质和美感。

第二章　公共艺术的发展历程

第一节　公共艺术的起源与国内发展的阶段性成果

公共艺术的起源和发展，是一个包含多种元素的复杂历程，它的形式和内容受到历史、文化、社会和政治等多方面因素的影响。在理解公共艺术的起源和发展过程中，需要注意到公共艺术并不是一个单一的概念，而是一个充满变化和可能性的领域。

一、公共艺术的起源与发展

公共艺术诞生于人类文明社会出现之始，而且随着时代的沿袭和发展不断出现变化，具体而言主要包括以下几个阶段，可参照图 2-1。

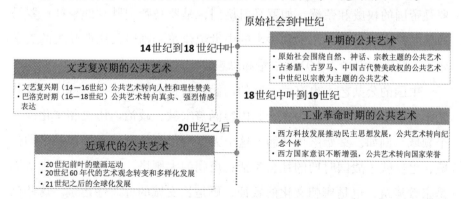

图 2-1　公共艺术的起源与发展

（一）早期的公共艺术

早期公共艺术的起源可以追溯至原始社会，人类最早的艺术创作就发生在公共场所。这些早期的公共艺术多以壁画、雕刻和雕塑的形式存在，其内容主要围绕宗教、神话和自然等主题。中国早在新石器时代的彩陶上，就有神话故事和自然万物的刻画，这些彩陶是公共生活的一部分，不仅仅是实用工具，更是承载了早期社会信仰和价值观的艺术品。

进入奴隶社会和封建社会，公共艺术得到了进一步发展。在古希腊和罗马，公共艺术成为城市规划的重要组成部分，政治和宗教主题的雕塑和壁画随处可见，这些公共艺术作品通过塑造英雄人物和神祇形象，赞美政权和神祇，表达了当时社会的价值观和政治理想。

古希腊是西方公共艺术的发源地，它的公共艺术有着深厚的宗教和政治内涵。这些公共艺术多以大型雕塑和建筑为主，如雅典卫城的帕特农神庙。神庙以其雄伟的体量和精致的雕塑装饰，展现了古希腊人民对于神祇的敬仰和对于人类理性的崇尚。该公共艺术作品不仅表达了希腊人民的宗教信仰，也传达了他们的政治理念和社会价值观。

古罗马的公共艺术继承了古希腊的传统，但又有自己独特的发展。古罗马公共艺术在形式上更加丰富多样，包括雕塑、建筑、壁画、马赛克和铭文等。公共艺术作品多以皇帝、神祇和战争英雄为主题，表达了罗马帝国的权威和荣耀。如罗马凯旋门，是罗马帝国胜利的象征；罗马教廷的拉文纳马赛克艺术和后来的中世纪建筑，则以其庄严壮观的美学效果，感染和引导了大众的情感和思想。

中国的公共艺术也有着丰富的内涵和独特的形式。中国古代的公共艺术主要以建筑和雕塑为主，其内容涵盖宗教、政治、历史和文化等多个领域。例如，秦始皇兵马俑，这个大型陶塑群体既展示了秦始皇的权威，也反映了战国时期的社会生活；唐朝的大雁塔，这座宏伟的佛塔既是宗教建筑，也是唐朝文化的象征，更是长安城的标志性建筑。这些公共艺术作品，不仅传达了当时的政治和宗教信息，也展现了古代中国人民的审美情趣和生活方式。

进入中世纪，欧洲的公共艺术发生了重大变化。这一时期的公共艺术主要以宗教为主题，其形式多为教堂建筑、壁画、彩绘玻璃窗、圣坛装饰等。这些艺术作品既体现了宗教的教化功能，也富有深厚的象征意义。例如，法国的哥特式教堂，这些建筑以其尖顶、飞扶壁和彩绘玻璃窗，展现了中世纪欧洲的宗教信仰和艺术风格。这种以宗教为主题的公共艺术，使教堂成为城市的中心，影响了中世纪欧洲城市的形态和发展。

（二）文艺复兴时期与巴洛克时期的公共艺术

11 世纪后，随着欧洲经济苏、城市兴起与生活水平提高，欧洲市民逐渐由悲观绝望态度向追求世俗人生乐趣的转变。14 世纪古希腊、古罗马文化开始复兴，取代天主教文化，即产生了资产阶级反封建的新文化运动，艺术家们开始尝试多元化的主题和表现方式表现公共艺术。例如，米开朗琪罗·博那罗蒂（Michelangelo Buonarroti）的《大卫》、列奥纳多·达·芬奇（Leonardo da Vinci）的《最后的晚餐》，都是这个时期公共艺术的杰出代表，这些作品既表现了人性的光辉，也展现了科学和理性的价值，这标志着公共艺术从宗教和政权的附属物，转向人性和理性的赞美。

16 世纪后期至 17 世纪，西方艺术史进入了巴洛克时期，一直持续到了 18 世纪中叶。

巴洛克时期的艺术特点以其华丽、雄壮，充满动感且富有感情的表现力，深深地打动了人们的心灵。该阶段的公共艺术形式多样，从大型建筑雕塑到宏伟的城市广场，从巨大的绘画作品到装饰性十足的设计，都呈现出一种强烈的视觉冲击力。这些艺术作品的设计和布局都极为考究，旨在创造一种震撼人心的效果，让人们在视觉和情感上都得到极大的满足。

巴洛克时期的公共艺术强调空间和运动感的结合，艺术家们以其独特的视角和表现手法，成功地创造了一种逼真的立体空间。他们精心构思，用强烈的光影效果和丰富的色彩表现物体的质感和形态，使艺术作品呈现出生动而饱满的立体感。这种新颖的表现方式，使巴洛克时期的公共艺术作品在视觉上产生了强烈的动感和深度感，增强了艺术作品的感染力。

罗马的圣伯多禄大教堂是巴洛克公共艺术的代表作之一。这座教堂以其巨大的规模、独特的结构和华丽的装饰，展示了巴洛克艺术的特点。大教堂的中央圆顶，既体现了巴洛克艺术对于空间和运动感的追求，又反映了其对于对称和秩序的尊重；大教堂内部的壁画和雕塑，以其生动的形象和丰富的情感，深深地打动了人们的心灵。

在绘画方面，巴洛克时期的艺术家以其生动的人物描绘、独特的光影处理和深厚的情感表现，成为公共艺术的重要组成部分。例如，米开朗琪罗·梅里西·德·卡拉瓦乔（Michelangelo Merisi da Caravaggio）的《圣马太召唤》是巴洛克绘画的典范之作，它以鲜明的光影对比、真实的人物描绘和深沉的情感表现，生动地展示了巴洛克艺术的特征。

巴洛克时期的公共艺术，以其独特的视觉效果、强烈的情感表达和雄伟的建筑规模，成了西方艺术史上的一座里程碑。这一时期的艺术家们凭借才华和创新精神，将公共艺术推向了新的高度，为后世留下了丰富的艺术遗产。

（三）18 世纪中叶至 19 世纪的公共艺术

18 世纪中叶至 19 世纪这一时期，西方公共艺术经历了重大的发展和变革，反映了社会变迁和科技进步对艺术的影响。此阶段，随着民主思想的发展和国家意识的增强，西方公共艺术更多地关注了个体和集体的荣誉，其中纪念雕塑成为这一思想的重要载体。这些雕塑不只是为了纪念某个人物，更是为了表达对这个人物所代表的理想和价值观的尊崇。如英国纳尔逊纪念柱、法国凯旋门、埃菲尔铁塔等都是这个时期的杰出代表，不仅体现了艺术家的高超技艺，也展现了人类对于英雄主义的崇敬，体现了国家和民族的自豪感和荣誉感。在城市建筑方面，科技的进步使得建筑艺术的规模和复杂性达到了前所未有的高度。美国国会大厦、自由女神像和圣帕特里克大教堂等标志性建筑都是公共艺术的重要组成部分。这些建筑不仅仅在视觉上产生了巨大的冲击力，更成了美国的象征和骄傲。

18 世纪中叶到 19 世纪这一阶段，西方公共艺术的发展，体现了社会变迁和科技进步对艺术的深刻影响。公共艺术的内容和形式，不仅反映了时代的精神风貌，也在很大程度上塑造了公众的审美观念和价值取向。

（四）20 世纪之后的公共艺术

公共艺术作为一个专门的艺术领域始于 19 世纪末 20 世纪初，公共空间的设计和管理成了当时的一个重要议题。艺术家和城市规划者开始认识到艺术在塑造公共空间和提升城市品质方面的重要作用，公共艺术因此开始得到重视。

20 世纪西方的公共艺术深受社会政治背景影响，并在此基础上积极探索和创新的趋势尤为明显。在功能上，20 世纪的公共艺术不再仅仅被视为美的象征或装饰物，而是更多地作为政治宣传、社会评论和文化表达的载体。例如，苏联在约瑟夫·维萨里奥诺维奇·斯大林（Joseph Vissarionovich Stalin）领导下的社会主义现实主义艺术运动，通过海报、绘画和雕塑等形式赞美工业发展和社会主义理想，艺术被赋予了为政治服务的功能。其中墨西哥兴起的壁画运动则是由迭戈·里维拉（Diego Rivera）、大卫·阿尔法罗·西凯罗斯（David Alfaro Siqueiros）和何塞·克莱门特·奥罗兹科（Jose Clemente Orozco）等艺术家发起，他们在公共建筑上创作壁画，以此表达对墨西哥民主革命的支持，宣传社会主义理想。

在 20 世纪 60 年代以后，随着社会的变革和艺术观念的转变，公共艺术开始发展出更多的可能性。艺术家们开始尝试各种新的艺术形式和创作方法，如地景艺术、行为艺术、装置艺术等。同时，公众的参与和互动也成为公共艺术的重要组成部分。

20 世纪 70 年代至 80 年代，街头壁画和涂鸦更是为表达独立主张和抗议当权者而被广泛应用。例如，英国和美国的大城市街头艺术如涂鸦成为当地的重要公共艺术形式，这种艺术形式的出现充分体现了公众对于表达自我和追求独立性思考的需要。

此阶段的公共艺术在视觉风格和主题内容上也充满了创新和突破。随着抽象艺术和先锋艺术的发展，公共艺术开始尝试非具象、非传统的表达方式，以此挑战公众的视觉习惯和审美观念。同时，公共艺术的主题内容逐渐从宏大的历史和英雄人物转向对社会现象和个人生活的关注和反思。

到 21 世纪，公共艺术已经成为一个全球化的现象，它被广泛地应用于各种公共空间，如城市广场、公园、机场、购物中心等。随着科技的发展，如数字技术和媒体艺术的出现，公共艺术也呈现出前所未有的创新和活力。进入 21 世纪之后，公共艺术继续扩大表达范围和形式，强调社区参与、互动性和社会影响。

随着技术的发展，尤其是数字技术的革新，公共艺术开始融入更多的现代元素，如 LED 灯光装置、3D 投影艺术。随着社会的发展，公共艺术注重传达对环境、社区和人权等主题的关注。

在形式上，21 世纪的公共艺术正在发生显著变化。技术的进步为艺术家们提供了更多表达的可能性。许多艺术家开始利用 LED 灯和 3D 投影技术创作大型公共艺术作品，如珍妮·霍尔泽（Jenny Holzer）的《水立方》，就是通过在建筑物表面投射动态光影，创造出如梦幻般的视觉效果。此外，还有艺术家开始尝试使用虚拟现实（VR）和增强现实（AR）技术创作公共艺术，通过这些技术，艺术家可以为观众提供全新的互动体验，让他们能够以全新的方式参与艺术作品的创作和欣赏。

在主题上，21 世纪的公共艺术开始更多地关注社会问题。环境保护、社区建设、人权等议题成为许多公共艺术作品的主题。公共艺术家们也开始重视社区的参与，许多公共艺术项目都邀请当地社区居民参与其中，让艺术创作成为社区建设的一部分。许多公共艺术作品也以提升社区形象、改善城市空间、推动社区发展为目标。

二、中国公共艺术的发展

中国公共艺术的起源可以追溯至远古时期。从最初的壁画、雕塑和建筑装饰等，这些作品旨在传达统治者的权力、宣传宗教或神话故事或者为社区提供美化和娱乐。从历史角度看，中国公共艺术的早期形式可以在青铜器、陶器和早期壁画中找到，这些艺术品反映了古代社会的信仰、习俗和生活方式。如汉代的石刻艺术，既表现了丰富的历史情景，又显示了当时艺术家对形式和比例的精湛技艺。

进入 20 世纪之后，公共艺术发展几乎与中国城市化进行同步。其发展为以下四个阶段。（具体可参照图 2-2 ）。

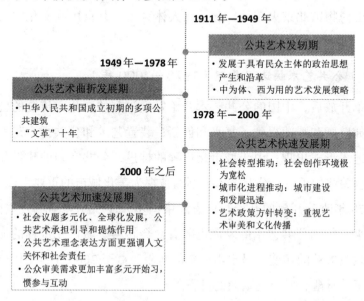

图 2-2　中国公共艺术的发展

（一）公共艺术发轫期（1911—1949 年）

1911—1949 年是中国现代公共艺术的发轫期。这一阶段的公共艺术内容反映中国迈向近代社会的"民主""民权"等主题，以公共建筑和公共陵墓形式出现，如南京中山陵、上海市政府大楼等。这些作品反映了中国社会从传统向现代的过渡。

这个时期出现了一些富有现代意义的公共艺术作品，但是公共艺术的发展尚不完全。尽管有识之士试图将艺术作为社会变革的工具，并进行了一些尝试，甚至派遣留学生出国学习雕塑，但这些努力并未形成气候，公共艺术的社会基础尚未稳定。

（二）公共艺术曲折发展期（1949—1978 年）

从 1949 年到 1978 年的阶段，中国的公共艺术发展经历了一段曲折的发展期。中华人民共和国成立初期，中国公共艺术得到了快速发展，如 1951 年在天安门广场兴建人民英雄纪念碑，新建了人民大会堂、中国革命历史博物馆北京火车站、北京工人体育馆、北京民族文化宫、华侨大厦等。

（三）公共艺术快速发展期（1978—2000 年）

改革开放后，中国的公共艺术开始发生深刻的变化：传统的公共艺术形式如壁画和雕塑得到了复兴和创新；装置艺术和公共行为艺术等新的公共艺术形式出现；由于城市化进程的推进，公共空间的建设和规划成为社会关注的重点，公共艺术也逐渐被视为美化城市的重要手段。

1978 年改革开放的开始，标志着中国步入了一个全新的发展阶段。这一时期，中国公共艺术的发展也随着社会转型、城市化进程的加快以及艺术政策方针的转变，呈现出全新的面貌。截至 2000 年，中国公共艺术经历了从觉醒、发展到繁荣的过程。

从社会背景来看，推动了社会物质文明和精神文明的进步；在政治上，完善社会主义民主法制；在文化上，坚持百花齐放、百家争鸣的方针指引下，社区的建设以丰富人们精神生活，提倡弘扬社会主义精神文明的内容。这种宽松的社会氛围是公共艺术向多元化方向发展的良好环境。

从城市化进程来看，改革开放以来，中国城市建设加快了进程，规模不断扩大，功能日益完善，空间日趋丰富，公共艺术得到了重视和发展，公共艺术作品随处可见，丰富了城市景观，提升了城市文化品位，也成了展现城市风貌和精神面貌的重要手段。

从艺术政策方针来看，改革开放以来，中国的艺术政策方针发生了明显转变，重视艺术的审美功能和文化传播功能，公共艺术成了社会文化生活的重要组成部分，具有深远的社会文化影响。同时，公共艺术得到了政策的大力支持，公共艺术的创作、展示、研究等各方面都得到了广泛关注和投入。

从社会关注重点来看，改革开放以来，中国社会关注的重点也发生了明显的转变。从单纯的经济建设，转变为经济、政治、文化等多方面的全面发展。公共艺术作为文化发展的重要内容，得到了社会的广泛关注，人们不再仅仅关注公共艺术的审美功能，而是更加关注其文化传播功能，关注其对社会生活的影响，关注其对个人精神生活的影响。

此阶段，中国公共艺术的发展步入正轨，开始快速兴起，其受到整个社会、政策、公众审美、艺术设计等多方面的推动，从而形成了公共艺术发展的新生动力系统。

（四）公共艺术加速发展期（2000 年之后）

进入 21 世纪，中国社会进一步走向繁荣和多元化，中国的公共艺术随之进入了新的发展阶段。公共艺术在新的时代背景下，呈现出独特的发展特点，展现出新的功能转型，并在这个过程中对社会诉求的呈现和表达上发挥了重要作用。一方面，公共艺术开始更多地关注社会议题，如环境保护、社区发展和文化保护等；另一方面，公共艺术开始追求多元化和个性化的表达，尊重艺术家的创新和观众的体验。

从社会议题的角度看，21世纪的中国社会议题呈现出多元化、全球化特征，环境保护、社会公正、文化多元、科技发展等成为社会普遍关注的焦点，公共艺术在这个过程中发挥了重要的社会议题提炼和引导的作用。例如，黄公望的《江山如此多娇》雕塑群，通过展现中国历史文化名人，引导公众反思历史、文化与人的关系；何乐津的《黄河》雕塑，则通过对黄河文化的展现，唤起公众对环保问题的思考；何鄂的《黄河母亲》雕塑，则通过对母亲文化的展现，唤起公众对环保与时代精神的思考。

公共艺术在理念表达上，更加强调人文关怀和社会责任。例如，公共艺术开始关注城市公共空间的人性化设计，关注社区和社群的艺术需求，注重公众参与，体现人性化、社区化的发展趋势；公共艺术的创作理念从"以我为中心"转变为"以你为中心"，更加强调艺术与公众的对话，艺术与社会的互动。以吴为山的《弘扬爱国精神》雕塑群为例，该作品以爱国主义为主题，通过大型雕塑群的形式，表达了对爱国精神的赞美，同时体现了公共艺术与公众的互动性。

在公众审美需求方面，公众对公共艺术的审美需求更加丰富多元。公众对具有故事性、情感化的公共艺术作品产生了更大的兴趣。公共艺术的互动性、参与性得到了大大提升。例如，北京798艺术区的壁画作品，既有艺术家的个性创作，也有公众的参与和互动，呈现出一种多元化、互动化的公共艺术新形态。

进入21世纪以来，中国公共艺术作品主要体现出以下几个方面的特点：首先是主题多元化，不限于政治、历史主题，而是涉及社会、文化、环境等多个领域；其次是形式多样化，除了传统的雕塑、壁画等形式，还涉及新媒体、装置艺术等新的艺术形式；最后是参与性强，公共艺术不再只是艺术家的创作，而是更加强调公众的参与和互动。

此阶段的公共艺术在功能上发生了显著转型，它不再只是装饰城市、美化环境的工具，而是成为社会文化传播的重要载体，成为城市品牌建设的重要手段，成为公众精神生活的重要部分。例如，上海滨江的公共艺术项目，通过一系列公共艺术作品的布置，不仅美化了城市环境，而且提升了上海城市品牌，丰富了公众的精神生活。

进入 21 世纪之后，中国公共艺术呈现出多元化、人文化、互动化的新特点，发挥了新的社会功能，对社会议题的呈现和表达发挥了重要作用。

第二节　公共艺术发展的动力因素

中国现代公共艺术的发展，无疑是受到多方面的推动和影响，包括艺术、经济、文化、社会和科技等多个方面。

一、艺术发展动力

当代艺术的发展，为公共艺术提供了丰富的素材和灵感。中国的传统艺术，如书法、绘画、雕塑等，都在公共艺术中得到了广泛应用。此外，当代艺术的多元化、实验化和创新性，也为公共艺术提供了新的创作方向。例如，北京 798 艺术区的一些公共艺术作品，就融入了许多当代艺术元素，如装置艺术、新媒体艺术等，丰富了公共艺术的表现手法和内涵。

（一）壁画热潮

1979 年 9 月 26 日的首都国际机场候机楼壁画的落成，无疑标志着中国现代公共艺术历史的新篇章。它不仅彻底颠覆了过去俗套的艺术模式，也为国民展示了一种全新的、饱含时代特色的绘画风格。首都机场的壁画，如同一个启幕仪式，为中国当代美术界拉开了帷幕，展示了空前活跃的艺术局面。

1979 年中央工艺美术学院副院长张仃创作和设计机场壁画，展现当时的开放心态和自由精神。其中包括《哪吒闹海》《森林之歌》《巴山蜀水》《科学的春天》《白蛇传》和《泼水节——生命的赞歌》，引起国内外关注，在全国掀起了壁画热。这种以公共空间为载体的艺术表现，从根本上说，就是艺术走向公众、走出象牙塔、走出博物馆展厅的历史性突破。机场壁画的广泛接受度，预示着一种新的消费主义精神的诞生，为公共艺术的未来发展奠定了坚实的基础。

（二）城市雕塑

自 1979 年之后，中国城市雕塑的发展显著受到了国外艺术风格的影响。许多雕塑家和建筑家纷纷赴海外考察学习，他们从西方的城市雕塑和建筑中汲取灵感。这种跨国的学习交流，不仅仅拓宽了艺术家们的视野，更为中国城市雕塑的风格多元化和技术创新注入了新鲜血液。这一时期，专家们的"取经传经"活动，以及市政干部的积极学习，共同推动了城市雕塑的发展。这种由上而下的推动方式，使得城市雕塑在政策的支持下迅速发展，形成了全国范围内的城市雕塑热潮。

1981 年，随着《美术》杂志第七期的出版，开启了关于城市雕塑的广泛讨论。这一期刊不仅提出了"雕塑艺术应该为美化城市服务"的理念，还对雕塑领域的多个方面进行了深入探讨。诸如雕塑与建筑的关系、雕塑与环境的相互作用、雕塑与人的联系等议题，都在讨论之中。此外，雕塑的题材、形式、风格以及室外雕塑的资金和作品来源问题，也被提上了议程。这些讨论不仅反映了当时社会对城市雕塑重视程度的提升，而且标志着中国城市雕塑步入了一个全面深入探索和快速发展的新阶段。该时期标志着一个转折，即雕塑不再仅仅被视为孤立的艺术作品，而是成为城市空间的一个有机组成部分，与建筑、道路、广场和公园等城市元素紧密相连。其间，上海城市雕塑的发展尤为值得关注。在 20 世纪

80年代初，上海市政府对市中心的人民广场进行了改建，这个过程中包括了多件纪念性雕塑的设置。这些雕塑的创作和安置过程中遇到的挑战，如雕刻家资源的匮乏和创作上的多种难题，被有效地克服。其中，建筑家在雕塑创作和放置的过程中发挥了关键作用，这一点尤其值得注意。上海市为此成立了专门的城市雕塑展览筹备组，旨在促进雕塑家和建筑师之间的协作，促使两者在创作过程中相互补充和完善。

这一时期的变化，表明人们对于城市雕塑的理解已经迈入一个新的层次。不再局限于传统的雕塑概念，城市雕塑被赋予了更广泛的意义和作用。它不仅仅是城市空间的装饰元素，更是城市公共空间的构成部分，影响着城市的面貌和文化氛围。这种理念的转变，对城市雕塑的创作、展示和评价标准都产生了深远的影响。在城市雕塑的题材中，除了革命历史题材，还包括其他如历史人物、神话传说、动植物题材，乃至展现人体美的作品都受到推崇。这表明，艺术创作应包罗万象，充分展示人类文化和自然世界的丰富多彩。在风格与形式上，艺术家们追求的是能够体现时代精神和民族特色的作品。这意味着雕塑不仅是艺术的展现，也是时代和文化的载体。艺术创作不再局限于传统的形式和风格，而是勇于创新，反映当代社会的特点和趋势。例如，建筑装饰雕塑和孩童游戏用的玩具雕塑，这些都是传统雕塑概念的延伸和创新，它们不仅装饰了城市，也丰富了市民的生活。

中国新时期雕塑的发展与城市环境建设的步伐紧密相连，这一发展过程体现了有组织、有计划的特点。特别是1982年2月25日，中国美术家协会向中共中央和国务院提交了一份报告，这份报告的核心内容是在全国重点城市中推进雕塑建设。这一提议是对美术领域的重要推动，也标志着雕塑艺术在城市环境中的重要角色。同年2月27日，中央绿化委员会的成立和第一次会议的召开，进一步强调了城市环境改造的重要性。这次会议特别强调通过植树造林来美化城市环境，这反映了对于改善人类生活环境的深刻认识。雕塑建设与城市绿化的结合，展示了一种全面提升城市文化和生态环境的理念。3月，中央政府对于这份《关于在全国重点城市进行雕塑建设的建议》的批示，显示了政府对于城市雕塑事业的支持。中央政府不仅同意了中国美术家协会的报告，还拨出了每年50万元的专款以支持城市雕塑事业，这在当时无疑是对艺术领域的重大资助。此举表明，城市雕塑不仅是艺术表达的一种形式，更是城市文化建设的重要组成部分。其间，全国城市雕塑规划组的成立也是一个重要的里程碑。这个规划组是由住房和城乡建设部、文化部（现称中华人民共和国文化和旅游部）和中国美术家协会共同领导，标志着雕塑建设已经成为国家层面的重要事业。这一组织的成立不仅在政策上为城市雕塑建设提供了支持，也在组织和资金上为雕塑事业的发展提供了保障。

纵观20世纪70年代末至80年代中期的中国公共雕塑，可以发现其题材、表现语言和创作手法仍然展现出一定的单一性。这一时期的大陆雕塑作品，大多聚焦于向历史伟人、革命烈士或历史先贤表达敬意的纪念性质。这些作品不仅包括为历史名人塑造的雕像，也涵盖以纪念某项法律形成为目的的作品。这些雕塑作品与当地的历史和文化背景密切相关，往往深受地域性的影响。这种地域性的影响表现在雕塑的风格、主题选择上，以及它们与特定地点的关联性上。公共雕塑在很大程度上是与某些建筑空间相关联的，不是独立存在的艺术作品，而是作为环境一部分的组成元素。例如，某个历史人物的雕像可能就立于该人物曾经活动的地方，或者与某个重要历史事件的发生地相关联。这一时期的公共雕塑在很大程度上延续了20世纪五六十年代的雕塑风格。这种风格的特点是强调政治信息的传递，通过雕塑作品表达对国家和民族历史的尊重。这样的艺术作品不只是审美对象，更是承载着教育和传承的功能，通过艺术的形式弘扬国家的历史和文化。

进入20世纪80年代中后期，中国的公共雕塑领域经历了显著变革，体现在题材内容、形式和手法上的多元化。在这个时期，公共雕塑作品开始展现出鲜明的地域感和时代感，尤其是沿海城市的雕塑作品，明显地体现了这一特点。从地理分布角度来看，公共雕塑的发展与中国的城市建设步伐紧密相关。不仅省会城市在雕塑艺术的发展上走在前列，实行改革开放政策较早的沿海城市和特区城市在公共雕塑的发展上也显现出领先性和前瞻性。这些城市的公共雕塑，无论在形式还是内容上，都呈现出与时俱进的特点。一个突出的例子是高达数米的雕像，这些雕像不仅仅在尺寸上引人注目，更在意象上突出了当地的渔业和海洋特征。这类雕塑作品不只是城市空间的装饰，更是城市文化和历史的象征。作品在体现地域特色的同时，传递了一种独特的时代信息，反映了当地社会经济和文化的发展。这些雕塑作品的多样性和创新性，不仅丰富了公共艺术的表现手法，也为城市的文化建设添加了新的元素。它们在提升城市的美学价值的同时，成为展示城市特色和历史的重要媒介。通过这些公共艺术作品，人们能够感受到每个城市独特的文化气息和时代精神。

　　1984年，中国当代雕塑界的杰出代表之一潘鹤教授创作的《开荒牛》雕塑，成为当时深圳这座经济特区的标志性象征。《开荒牛》的成功之处在于，它巧妙地将改革开放初期全国范围内的创业精神与深圳这个特殊地区的意义紧密结合。作品以"开荒牛"为主题，象征着奋力开拓和艰苦创业的精神，这一寓意对于经济特区深圳而言，尤为贴切。该雕塑作品虽然在创作手法上继承了传统的写实主义风格，但其所表达的内涵和意义与过去的纪念性雕塑截然不同。《开荒牛》对那些在现实中辛勤耕耘、不断开拓的实干家的歌颂。它标志着歌颂现实开拓精神，赞美建设理想。这尊雕塑体现出的是一种积极向上、敢于创新的时代精神，它象征着新时代的到来，以及在这个新时代中，人们保持着气宇轩昂的斗志，创造和书写新的历史。《开荒牛》不只是一件艺术作品，更是深圳乃至整个中国迈入国际化发展这一历史新阶段的一个重要符号。它不仅记录了一个时代的变迁，也激励着人们面对挑战、勇往直前。这件作品的出现，不仅丰富了公共雕塑的内涵，也为深圳乃至整个中国的现代化建设注入了新的活力和灵感。《开荒牛》的影响力远远超出了它的物理形态，成为一种精神象征，鼓励人们在新时代中继续探索和进取。

通过解读 20 世纪 80 年代前期的城市公共雕塑类型与特点，可以看到一种显著的变化：艺术家们开始更加注重作品与周围环境的关系。在这一时期，城市建筑雕塑的创作与设计变得复杂和多元化，因为它涉及的客观因素远远超过了传统的架上雕塑和单独陈列的雕塑。在创作过程中，除了考虑雕塑的造型美学，艺术家们还必须考虑到作品的耐久性、施工的经济性和快速性。这些因素尤其重要，因为它们直接影响雕塑作品的实用性和持久性。此外，雕塑与环境条件的适应性成了不可忽视的考虑因素。这意味着，雕塑不仅要在视觉上与周围环境和谐，也要在功能上与环境相融合。更为重要的是，公共雕塑还需要考虑与地区社会的协调性。这不仅是从审美角度出发，也涉及文化、历史和社会价值观的融合。一个成功的公共雕塑作品，应该能够反映和尊重当地的文化传统，同时能够激发公众的共鸣，与当地居民的生活方式和社会价值观相协调。这个时期的公共雕塑作品，因此在 20 世纪 80 年代中后期的创作中产生了深远的影响。它们不再仅仅是单纯的艺术展示，而是成了城市环境的一部分，与城市的生活和文化密切相关。

（三）环境艺术兴起

20 世纪 80 年代，中国经历了一次深远影响的艺术新潮革命。在 "85 美术新潮" 之后，美术界的观念更新和理论争鸣以及创作方法的探索，推动了艺术表现方式的多元化。环境艺术的兴起标志着一个新的趋势，它破除了过去雕塑、壁画、建筑、园林等各个艺术门类之间的孤立，倡导将所有构成环境空间的要素相结合。环境艺术与自然相区分，更接近人工改造的自然，它以实用主义为核心，强调人性化的空间设计和空间造型。

1988 年 11 月，在南通首届壁画艺术讨论会上发出倡议书，主要是呼吁全社会关注城市文化形态的建设，因为在中国飞速发展的城市建设的背景下，壁画流行开来，但是中国的壁画方面的人才相对少，不能满足当时环境改造的实际需要。此次会议标志着壁画艺术家开始寻求与其他艺术门类的合作，为城市发展和公共环境改造打开了新的道路。

二、经济和文化发展动力

改革开放以来，中国社会经济得到了飞速发展，同时开放的社会文化环境也促进了整个社会文化的全面发展与完善。

（一）经济发展动力

自改革开放以来，中国的经济发展带来了社会各领域的飞速发展，其中最具标志性的是公共艺术的繁荣，尤其在主题雕塑公园、广场公共艺术和街道公共艺术方面。经济的发展为这些艺术的兴盛创造了条件，它们相互影响，形成了一种互动，推动了公共艺术的发展。

主题雕塑公园是经济发展下公共艺术的重要体现。随着经济的发展，城市建设进入了一个全新的阶段，主题雕塑公园作为城市的重要元素，为市民提供了休闲的场所，同时为艺术创作提供了空间。这些雕塑公园通常具有主题性，反映了当地的历史、文化、社会情况等，因此，它们也成为展示城市特色、传承文化、提升城市形象的重要场所。雕塑公园的发展离不开经济发展，因为只有在经济充裕的条件下，才能有更多的投资用于艺术创作和公园建设。

广场公共艺术则是经济发展和城市化进程中产生的重要现象。在中国，广场公共艺术不仅是城市建设的必要组成部分，而且是人民群众日常生活的重要场所。广场公共艺术通常通过雕塑、壁画、公共家具等形式，向人们展示城市的历史、文化和发展，为人们提供了美的享受，同时也带动了周边经济的发展。

街道公共艺术作为城市公共艺术的重要组成部分，以市民日常生活的空间为载体，使艺术融入生活，让城市空间变得生动。街道公共艺术的出现和发展离不开经济发展，因为只有在经济条件允许的情况下，才能有足够的投入用于公共艺术的创作和建设。同时，街道公共艺术也对经济发展起到推动作用，因为良好的街道环境可以提升城市形象，吸引更多的投资和人才。

自改革开放以来，中国经济的发展对公共艺术的发展起到巨大的推动作用，特别是在主题雕塑公园、广场公共艺术和街道公共艺术等方面。它们之间的互动关系使得公共艺术得以在经济发展的大背景下蓬勃发展，为经济的进一步发展提供了支持。

（二）文化发展动力

中国改革开放以来的社会文化开放和发展，对公共艺术的发展起到了重大的推动作用。特别是在公共艺术作品的主题和表现形式上，其多元变化与社会文化的发展密不可分。

社会文化的发展，特别是各种文化思潮的涌入，对公共艺术作品的主题产生了深远影响。公共艺术作品的主题开始多元化，包括对社会现象的反映、对人性的探索、对自然环境的关注等，这些都是社会文化开放和发展的结果。以"东方红广场"为例，这个地标性的公共艺术作品，旨在通过一种深刻的视觉表达，反映出新时期中国社会的面貌。深圳"世界之窗"的建设，这个主题公园通过复制世界各地的著名建筑，以艺术的形式传达出中国社会的开放和包容。

社会文化的发展也对公共艺术的表现形式产生了重大影响。雕塑、壁画等开始被新的表现形式所挑战，不仅仅是在技术上的创新，更是在思想上的突破，它们挑战了传统艺术的边界。

随着中国社会文化的多元化和全球化，公共艺术的主题和形式也更加丰富和多元。公共艺术开始关注更多的社会议题，如环保、公平、多元文化等。另外公共艺术也开始融入更多的文化元素，如民间艺术、民族文化等，如杨永振的"雕塑生命系列"。

（三）社会和公众发展动力

随着中国社会的不断发展，以及改革开放所带来的经济腾飞、文化多元，使得整个中国社会公众的审美理念、审美意识开始多元化发展，这种变化推动着公共艺术也开始出现新的发展趋势。

一方面，公共艺术开始逐渐向公众参与转向。公共艺术原本是艺术家与公众的一种对话，艺术家通过他们的作品表达想法，公众通过欣赏和解读作品进行反馈。但随着社会发展和公众审美理念的多元化，这种单向的对话方式开始发生改变。现在的公共艺术更加强调公众的参与，艺术家和公众的关系从原来的"传递者—接受者"转变为"合作者—合作者"。如杭州西湖区的"西湖公共艺术节"就是一个典型例子，活动邀请公众参与艺术作品的创作，打破了公众只能被动接受艺术的旧观念。

另一方面，社区公共艺术的发展得到了更多重视。社区是公众生活的重要组成部分，社区公共艺术的发展不仅可以提高社区的美感，也能够提升社区的文化氛围，增强社区的凝聚力。例如，上海的"艺术村"项目就是将艺术家引入社区，通过艺术家和社区居民的合作，创作出一批批反映社区文化和生活的艺术作品。

另外，风景艺术的发展也越来越受到关注。传统的公共艺术往往局限在城市的中心地带，而风景艺术将艺术带入了自然环境。这种艺术形式可以更好地融入环境，形成自然和艺术的完美结合。例如，四川九寨沟的风景艺术项目，就是通过在自然环境中布置艺术作品，让人们在欣赏自然风景的同时，能感受到艺术的魅力。

第三节 深化改革视域下国内公共艺术发展的方向

自 21 世纪初，尤其是 2002 年开始，中国的公共艺术展现出全面深化的趋势，呈现出纵向延伸的特色。随着城市化的步伐加快，关于城市环境、社会以及人与环境之间关系热烈探讨，市民作为生活在城市中、在公共空间活动和参与的重要群体，对艺术的需求在发生变化，公共艺术作为国家形象的一种展现形式，被更多人所熟知和关注。

一、公共艺术功能蜕变

进入 21 世纪之后，中国城市化进程的全面加速以及市民阶层的壮大，为公共艺术的全面深入发展提供了丰富的土壤。在此背景下，公共艺术在城市环境中扮演了重要角色，而且作为一种改变社会、人们生活关系的工具，逐渐受到更多关注。城市的大规模发展，一方面提供了公共艺术的空间，另一方面催生了公共艺术的需求，特别是新兴的市民阶层对公共艺术的需求。

2006 年以后，公共艺术在中国开始落地生根，逐渐嵌入人们的生活。随着中国融入全球步伐的加快，公共艺术作为国家形象进行展示，使其成为一种重要的文化和艺术表达方式。

公共艺术的发展并不限于官方组织的推动，许多艺术家和市民开始将艺术融入公共空间。这种现象反映了公共艺术从简单的公共空间中的艺术作品，逐渐转变为替代空间的艺术作品的功能蜕变。

21 世纪之后，北京出现 798 艺术区、宋庄艺术区、草场地等。这些由废弃工厂改造的艺术空间，吸引了大量的艺术家入驻，形成了中国的艺术创新中心。在这些替代空间中，艺术家们可以自由创作，同时这些空间也为公众提供了参与艺术创作的机会，使艺术更加接近生活。

这里的独立空间不是物理空间上的独立，而是独立运作的艺术空间，其在艺术实践探索的路上，与替代空间保持了一致，从这个意义来看，独立空间甚至拥有了极强的社会美术教育功能。

综上，在中国社会发展的过程中，公共艺术在功能蜕变方面的探索，在很大程度上推动了公共艺术的发展，也为公共艺术的功能进行了相应的完善。

二、公共艺术开始不断延伸

（一）商业公共空间中的公共艺术得以兴起

商业公共空间，作为现代城市生活的重要部分，承载着人们生活、工作和休闲的多重功能。在科技与艺术的双重推动下，商业公共空间已经超越了简单的买卖场所的定位，成为城市文化、社会交往和生活消费的重要场域。然而，随着城市的发展和商业模式的变化，商业公共空间的功能和特点发生着深刻的变化。

1. 商业公共空间功能的变化

在农耕时代，人类的生活主要依赖于土地和自然资源。商业活动大多数在市场上进行，公共空间主要是为了满足人们的基本生存需求。然而，随着工业革命的到来，人类的生活方式发生了深刻变化。

城市成了人类社会的主要生活空间，商业活动逐渐从市场转移到了专门的商业设施中，如商场、超市和购物中心。这种转变使商业公共空间的功能从简单的交易场所扩展到娱乐、休闲和社交等多个领域。

到了后工业时代，随着信息科技的发展，虚拟世界逐渐成为人们生活的重要部分。商业活动越来越多地在线上进行，商业公共空间不再仅仅是物质交易的场所，更成了展示商品、品牌和文化的平台。

在这个过程中，艺术和科技的结合，使商业公共空间成为现代城市文化的重要载体，它不仅提供了消费的场所，也成为人们交流思想、分享生活和体验文化的重要空间。在这些商业性的公共空间中科技与艺术结合是当时的一种趋势，实际上中国的商业公共空间的发展正在经历从城市郊区到城市中心的回归。

20世纪中叶，随着汽车的普及和城市扩张，商业活动主要集中于城市的郊区，大型购物中心和超市成为主要的商业设施。然而，到了80年代，随着城市复兴的趋势，商业活动开始重新回归到城市中心。老旧的工业设施被改造成为艺术空间和购物区，城市的街头和广场也成为商业活动的重要场所。

中国的城市商业公共空间的独特性质和变迁特征，与西方城市的商业公共空间相比，既有相似之处有其特殊性。

在21世纪初，商业公共空间开始兴起。这一变化的背后，既有全球化和现代化的普遍影响，也有中国特殊的社会经济环境和历史文化传统的深刻印记。

如西方城市一样，中国的商业公共空间也经历了从单一功能到多功能的转变。在过去，中国的市场主要是以街市为主的交易场所，公共空间的功能相对单一，但随着经济的发展和城市化的推进，商业公共空间的功能开始多元化。大型购物中心、综合性商业区、开放式商业广场等形式的商业公共空间相继出现，它们提供购物服务，同时成为人们社交、娱乐和文化活动的场所。

在中国，商业公共空间的发展既受西方的影响，也有中国特有的因素。受西方现代商业模式的影响，中国的商业公共空间逐渐展现出开放、多元和融合的特点。同时，中国的商业公共空间深受中国传统文化和社会环境的影响：一方面，商业公共空间中融入了许多中国传统元素，如中国传统建筑风格和传统文化活动；另一方面，中国的商业公共空间反映出中国社会的特殊性，如快速的城市化进程、改革开放政策和消费升级等。

2.商业公共空间中公共艺术的融入和发展

公共艺术作为一种公共元素，可以提升公共空间的精神内涵，丰富人们的感官体验，营造和谐、有趣的环境。在商业公共空间中，艺术元素的介入能够提升商业中心的整体品质，营造独特的商业氛围，吸引更多的消费者。

中国商业公共空间中的公共艺术不仅以其出彩的创意设计，丰富了商业空间的美感，还通过各种艺术作品展览激活了商业空间，为商业活动增加了人文色彩。例如，北京的朝阳大悦城在公共空间中引入了一种生态，深圳的欢乐海岸购物中心引入了众多艺术家的传世之作，都发挥了公共艺术的积极作用。

公共艺术可以提升商业公共空间的品质。通过艺术设计植入，公共艺术使商业空间的环境得到提升，增加商业中心的吸引力，从而吸引更多的消费者，还可以对商业中心的形象进行塑造，提高商业中心的品牌价值。

另外，公共艺术丰富了商业公共空间的功能。除了提供购物服务之外，通过引入公共艺术，商业公共空间可以满足人们在购物之余的文化和娱乐需求，同时增强了商业公共空间的公共性，公共艺术作品通常面向公众开放，可以引发公众的共鸣和交流，促进了人们的互动和连结。

（二）公共艺术开始向乡村空间和流动空间延伸

2010 年之后，随着科技发展，中国的公共艺术向乡村空间和网络空间中渗透，在新农村改造和建设发展中发挥一定的作用。

1. 公共艺术向乡村空间的渗透

随着中国乡村改造的深入开展，公共艺术重新塑造了乡村的空间。逐渐向乡村空间渗透的公共艺术，为中国乡村的发展带来了一系列的挑战和机遇。这种形式的艺术可能需要适应和尊重乡村生活的特点，同时需要为乡村空间提供一种新的可能性。

从机遇角度来看，公共艺术能够为乡村社区提供新的创新和实践的空间，激发社区的创造力，增强社区的凝聚力，促进社区的发展。公共艺术的介入可以帮助乡村社区建立一种新的公共意识和社区认同感，通过艺术的方式来传播教育和文化，推动乡村的文化和教育进步。

公共艺术的介入需要尊重乡村的文化、历史、风俗、信仰，以避免破坏乡村的原有结构和空间精神。这需要艺术家有对乡村生活和乡村社区的深入理解和尊重，同时需要有创新的视角和方法来应对乡村社区的特殊性。

公共艺术向乡村空间的渗透，是一种艺术的多元化和全球化的表现，反映了艺术的蔓延和扩展，也是一种对乡村文化的尊重和保护。公共艺术作为一种工具和媒介，可以帮助乡村社区面对和解决一系列的社会、经济和文化问题，从而推动乡村社区的可持续发展。

中国公共艺术在乡村空间的推广现象也被称为"艺术下乡"。其具有诸多积极影响，如提高乡村文化素质，提升乡村的审美品位和生活质量，甚至帮助改善农村的生活环境，同时面临着诸多困难。

一方面，乡村空间与城市公共空间的使用者构成存在巨大差异。城市空间的使用者多元化，包括各年龄段的人群，不同的社会经济背景，甚至来自全球各地的游客。这种多元化的观众群体对公共艺术的接受程度相对较高，他们更易理解并欣赏各类公共艺术。而乡村空间的使用者多为长期居住的农民，他们对于公共艺术的理解和欣赏程度有限，习惯于传统的艺术形式，因此公共艺术的接受门槛相对较高。

另一方面，乡村空间的地理和物质条件与城市公共空间存在显著差异。在城市公共空间，艺术品可以得到较好的维护和保护，观众可以轻易地在公园、广场、街头等地欣赏到公共艺术。然而在乡村，由于地理环境的限制，乡村空间多分散，物质资源相对稀缺，公共艺术的布局和保护都会遇到困难，这对公共艺术的推广形成了一定阻碍。

另外，乡村和城市在文化价值观上存在显著差异。城市更倾向于接纳现代和前卫的艺术形式，而乡村往往更尊重传统文化和乡土精神。这就需要公共艺术在乡村环境中找到适合的表现方式，与乡村的文化价值观相适应，这无疑增加了推广的难度。

尽管乡村空间与城市公共空间的区别为公共艺术的推广带来了挑战，但乡村公共艺术的发展依旧拥有巨大的潜力和价值。它可以作为一种工具，帮助乡村面对现代化的挑战，同时能够保持和传承乡村的文化和传统。

2. 公共艺术向流动空间的渗透

进入 21 世纪以来，数字技术和网络技术推动中国公共艺术向数字化转型，乡村和城市建设与发展交织在一起，受信息、技术、资金等多种因素影响，"流动空间"发展产生明显变化。网络社会已经成为现代生活的一部分，改变了人与世界的交互方式。流动空间作为一种以虚拟网络世界为基础的空间，正在逐步承载公共艺术的展示和交流。

网络技术打破了传统公共艺术作品的地理限制。在过去，公共艺术作品大多展现在城市的公共空间，如公园、广场、街头等。这些地方虽然便于公众观赏，但是作品的影响力受到了地理位置的限制。然而，在网络社会，任何一个连接到互联网的地方都可以成为公共艺术作品的展示平台。艺术家可以通过网络将作品传播到全球各地，从而扩大了公共艺术的影响力。

网络技术为公共艺术提供了新的创作媒介和表现形式。网络和数字技术的发展为公共艺术创作提供了无限可能，如可以利用虚拟现实（VR）和增强现实（AR）技术，创作出以前无法想象的作品。这种新型的公共艺术作品，具有强大的视觉冲击力，同时也增强了观众的参与度和体验感。

随着网络世界的发展，已经有一些艺术家在流动空间中进行了艺术创作。例如，邱志杰利用网络技术创作的《国际共和国机场》系列，让观众能够在不同国家的机场之间自由地"穿梭"，体验到一种新的时间和空间感受，这个作品也表现出了公共空间的流动性和多样性。

三、公共艺术的流变

公共空间中的雕塑、壁画、装置是"城市的家具"和"城市衣裳"，传达公众对环境的诉求，艺术家通常采用激活和重新创造空间精神的形式加以明确。主要体现在以下两个方面。

（一）集体意志和精神的载体

随着公共艺术的发展，公共艺术作品与公众之间的关系越发紧密，当其体现公众的多数意志时，就会成为集体意志和精神的载体：一种是当公共艺术作品承载的是最大多数人意志时，就会体现国家意志；另一种则是当公共艺术作品承载的是社会公众的普遍精神时，就会成为一种场所精神。

1. 集体意志的载体

公共艺术一直以来被视为城市文化的重要载体，它不仅提供了美的享受，还能向公众传递特定的意义和价值。很多公共艺术作品往往富有强烈的民族和历史意识，它们在讲述国家和民族的故事，传递国家意志的同时，也为建设社会主义精神文明发挥了重要作用。

"中华世纪坛"是一座典型的公共艺术作品，它以壮观的建筑形式向世人展示了中国几千年的历史和文化。坛内镶嵌的十二生肖石刻、世纪钟，以及象征中华民族五千多年文化历程的"时间河"等，都蕴含着丰富的艺术和历史信息；坛体设计以"天圆地方"为基本构思，既传承了中国传统文化中的宇宙观，也反映出中国在迎接新世纪时的宏大气魄。

除中华世纪坛之外，最具代表性的是体现国家意志的公共建筑"鸟巢"和"水立方"。它的建设和使用充满了国家意志的象征。"鸟巢"的设计富有创新和独特性。

"鸟巢"的存在，体现了人与自然和谐共生的理念，不仅是北京奥运会的标志，也是中国奋发向前、迎接挑战的象征。这件建筑作品讲述着中国的现代化进程，传递着中国致力建设更加开放、包容、和谐的社会的决心。

"水立方"独特的外观和先进的科技应用展现出了中国在科技和创新方面的实力。其不仅承载了中国人民对体育事业的热爱，也传递出中国推动科技进步、创新发展的坚定决心。

上述几个代表性的公共艺术作品，通过艺术的形式和方式，表达了国家的历史、文化、价值观，传达了国家的意志和精神；通过独特的设计和建筑形态，彰显了中国在科技、创新、环保等方面的实力和决心。这些公共艺术作品以其特有的艺术语言，生动地描绘出中国的历史画卷，宣示了中国人民建设社会主义现代化国家的坚定信念。

2. 精神的载体

一件优秀的公共艺术作品，一定能够体现特定场域的精神，甚至能够成为大众的集体精神的载体。作为中国著名雕塑家，吴为山的作品不仅在艺术形式上独树一帜，而且以深厚的文化内涵和鲜明的主题思想，深刻地展现了公共艺术作品的社会价值和历史意义。

吴为山也曾是南京的一位普通民众，南京的那段惨痛历史，激发了他的创作冲动，2005年创作《南京大屠杀同胞纪念馆扩建工程大型组雕》，作品是对1937年南京大屠杀历史事件的警示。

整个雕塑群以人物为主体，通过对受难者生动、细腻的刻画，尽可能地还原了那场人间大劫难的惨状，使人们在震撼之余深刻领悟到战争的残酷与和平的可贵。这件作品也让南京市民和游客了解、记住这段痛苦的历史，警示人们珍惜和平、反思历史。这件公共艺术作品不仅承载了南京市，乃至整个中国人民对于和平的热爱和对战争的悲鸣，也承载了公众对历史的记忆和对未来的期许，体现了公共艺术在激发公众精神、传承历史记忆方面的重要作用。

2011年，吴为山创作的另一件著名公共艺术作品《孔子像》，孔子是中国历史上伟大的教育家和思想家，他的学说对中国历史和文化有着深远影响。吴为山的《孔子像》，以青铜为主材，不论是材质还是造型，均充分考虑了整体建筑环境和周围环境的关系，并以简朴、概括的手法，以大气磅礴的艺术形式，生动地展现了孔子的形象。

孔子袍袖飘飘，目光深邃，似乎在倾听人们的疑问，为人们解答生活中的困惑；在环境衬托之下，孔子的形象显得极为威严，但又不失亲和力，给人以一种极高的儒家文化感。《孔子像》体现了孔子的儒家文化精神，彰显了中国传统文化的魅力，展现了公共艺术作品在传承文化、凝聚民族精神方面的巨大价值。

（二）现代艺术的融入

传统形态的艺术主要为绘画、雕塑等，现代城市的公共空间可以是公众关心的各种话题，是一个多样化的文化综合体，包含多元化的观念和审美，既是一个物理空间，也是一个精神空间，更是艺术空间。

现代的公共艺术已经打破了艺术家固有的观念，拉近了作品和观众之间的距离，是一种活态的观念和思想性作品的展现形态，如通过公共艺术传达一种文化观念、反思现实问题、表达通俗化、观念诗性化等。

从这个角度来看，现代艺术与公共艺术的融合发展是现代城市文化发展的重要趋势。这种融合发展不仅体现在艺术形式和艺术语言上，还体现在艺术的功能和使命上。

现代艺术以其开放、包容、创新的特性，打破了艺术家陈旧的造型观念，将作品创作和观众需要进行整体设计，主张艺术介入生活，旨在改变人们分现实生活，从而赋予了公共艺术更多的社会责任和公众功能；公共艺术则具有公共性的特点，作品和拉进人们生活的艺术处理就体现了它的开放性。由于现实生活中人的参与，原来的公共艺术就有了交互性的特性，为现代艺术提供了一个广阔的舞台和无限的可能，使艺术作品可以深入社会的各个角落，与公众产生直接和深入地交流和互动。

现代艺术与公共艺术的融合发展，丰富了艺术的形式和内容，提升了艺术的社会效果，更加强了艺术的公共功能和社会责任，使艺术更好地服务于社会，满足公众的精神需求。

其中，徐冰的公共艺术作品《凤凰》就是现代艺术与公共艺术相融合的代表之一。《凤凰》是由两只分别长达55米和45米的巨大凤凰构成，材料是废弃的工业材料、建筑垃圾和发光二极管等，展现出了中国传统的凤凰形象和现代工业化的强烈对比。

凤凰在不同民族有着不同的象征意义，该作品耗时两年心血完成，不仅在视觉形式上富有冲击力，也以其深邃的象征意义和现实主义精神，引发了公众对于工业文明、环境问题、社会公正和人的价值等诸多重要问题的思考和讨论。

该作品是现代艺术观念的典型代表，打破了传统艺术的形式和内容的限制，利用废弃的工业材料和工具创造出具有强烈视觉冲击力的凤凰形象，展示了艺术创作的无限可能性。同时，该作品以其深邃的象征意义和现实主义精神，引发了公众对于公共事务的关注和讨论。这不仅使该艺术作品成了一种公共的话题，也提升了公共空间的文化价值和社会意义。

该作品是现代艺术与公共艺术融合发展的典型案例。它展示了现代艺术的开放、创新和批判性，也展示了公共艺术的公共性、交互性和社会性。通过这件作品，现代艺术与公共艺术得以完美融合，有效提升了艺术的形式和内容，也提升了艺术的社会效果，满足了公众的精神需求，有效推动了公共艺术的流变发展。

第三章　基于不同类型与功能的公共艺术研究

第一节　纪念性、实用性和妆点性的公共艺术

公共艺术涵盖各种形式、媒介和功能的艺术作品，其从艺术形式上包括各种形式，如雕塑、园艺等，从艺术功能上则可以划分为点缀类、休闲类、实用类、游乐类、纪念类、展出类、活动类等；从艺术展现方式来划分，就出现从平面到立体，由室外的壁画到室内空间的美化，以及地景等多种类型。而从其最基本的功能来看，公共艺术可以被分类为纪念性、实用性和妆点性几大类别。

一、纪念性的公共艺术

公共艺术作为纪念物的历史源远流长，人们通过创造纪念物，来纪念历史人物、事件，或者表达某种集体记忆和身份认同，纪念物通常作为一个有形的标志，存在于公共空间中，供人们参观、欣赏和思考。

（一）传统纪念物和现代纪念物

在传统意义上，纪念物通常被视为雕塑或建筑物，旨在纪念历史事件或人物，其中又以纪念碑为主要代表。纪念碑通常旨在弘扬某种"歌颂"之情，抑或回顾悲剧或重大事件，从而为人们提供反思和哀痛

的机遇与空间。

纪念碑或以建筑形式存在，或以非建筑的形式存在。公共艺术通常蕴含着对应的公共记忆，这种记忆并非集体统一的记忆，有些回应是在计划之中的，有些则是意外的，当这些回应在不同场所汇集时，它们会随着时间、环境、意识形态的变化而产生延伸的意义。

（二）现代较成功的纪念性公共艺术作品

现代纪念类公共艺术作品的成功案例非常多，其中，越战纪念碑是出色的代表之一。

越战纪念碑由华裔艺术家林璎设计，它不同于传统的纪念碑：没有雕塑，没有塑像，仅仅在黑色花岗岩墙面上雕刻了五万多个在越战中牺牲的美国士兵的名字。虽然形式简洁，但是深深触动了人们的心弦，让人们对战争反思。

创作背景是 1981 年的一场公开设计竞赛，当时林璎还是耶鲁大学建筑系的一名学生，以一种极其简洁、沉默而深沉的设计方案胜出。

传统的纪念碑常常强调英雄主义和民族主义，然而林璎的设计完全摒弃了这些。她通过列出战争中牺牲的每一个人的名字，无偏差地传达了战争的真实面目，同时表达了对于所有牺牲者的尊重和记忆。

另外，人们可以触摸名字，甚至可以用纸和铅笔摹印下喜欢的名字，这使得纪念碑不再是冷冰冰的物件，打开公众参与和互动的空间，使得纪念碑成为与公众紧密相连的集体记忆和情感载体。

越战纪念碑以其独特的设计理念和形式，成功地创造出一种新的纪念物类型，对公共艺术有着深远的影响。它的创作提醒我们：纪念物不应只是关于过去，也应是关于现在和未来，是关于深层的历史反思和情感联结。

林璎作品的成功表现出明显的双重意义，即纪念碑既可以被看作承载国家哀痛和谅解的象征物，又可以被看作对传统战争纪念碑的批判性扬弃和转变。

柏林犹太人大屠杀纪念碑正式命名为"欧洲被杀害的犹太人纪念碑"，由美国建筑师彼得·艾森曼（Peter Eisenman）设计，于 2005 年在德国柏林落成。这个纪念碑占地近 5 英亩（约 2 万平方米），由 2711 个混凝土石块组成，不同高度的石块在一个微微波动的地平面上呈现出一种几何的规律与混沌的混合状态，为公众提供了强烈的视觉和空间体验。

纪念碑的创作过程相当漫长，从 1999 年的设计比赛到 2005 年的正式落成，历经了六年的时间。

该纪念碑没有明确的中心，没有明确的路径，没有明确的含义，所有的元素在引导参观者自行探索和反思。这种开放性使得纪念碑不再是一个单一的信息载体，而是一个多元和多层次的思考空间。

相比于传统的纪念碑，柏林犹太人大屠杀纪念碑突破了纪念碑的传统框架，采取了一种抽象而开放的方式来纪念历史。这种方式既保留了纪念碑的庄重和肃穆，也让纪念碑拥有了深远的思考和反思的可能性。同时，它尊重了每一位参观者的独立思考和感受，使得纪念碑不再是一个历史的宣读者，而是一个历史的探寻者。这种创新的方式使得纪念碑在形式和内容上呈现出了强烈的现代性，对公共艺术产生了深远的影响。

这两个案例非常成功地展现了现代纪念物的特点：它们不再只是简单地纪念历史人物或事件，而是以一种独特的艺术语言，引发公众的思考和反思。

二、实用性和妆点性的公共艺术

（一）实用性公共艺术

实用性公共艺术作品通常直接或间接地服务于公众的日常生活和社区的实际需求。它们不仅在美学上具有吸引力，而且在功能上有具体的作用，如提供座位、照明、遮蔽设施，或者作为路标和导向标志等。这种艺术形式通常与建筑、城市规划、景观设计和环境艺术等领域紧密相连。

实用性公共艺术从其呈现方式来看，包括实用性设施、导向类装置、生态类作品等。如实用性设施主要包括公共座椅、儿童游乐设施、自行车停车架等，它们既是实用设施，又是艺术创作；如导向类装置主要包括地标雕塑、指示牌、墙面装饰等，旨在引导行人的方向，提供空间信息；如生态类作品主要包括环保雕塑、公园艺术等，它们可能参与生态保护，或提醒公众关注环境问题。

实用性公共艺术既具有艺术性，又具有实用性，它们往往有明确的使用功能，可以帮助人们解决某些实际问题，如方向感、休息、娱乐、环保等。这些艺术作品通常更加注重与环境的和谐共生，其设计通常需要考虑到周围的建筑、环境、人流等因素，以保证其实用性和可用性。

实用性公共艺术从功能方向来划分，主要涵盖便利性实用公共艺术、标志性实用公共艺术、安全性实用公共艺术等多个领域。

便利性实用公共艺术作品通过艺术的形式提供了方便，同时增添了城市空间的魅力。这类艺术作品通常将实用和美感结合在一起，不仅满足了公众的需求，也丰富了城市的文化氛围。例如，一些公园中的公共座椅设计，就有其独特、具有挑战性的形状，使传统的公共座椅变得不同寻常。它们鼓励公众以新的方式使用和互动，同时这些座椅的艳丽色彩和创新设计也美化了城市景观。

标志性实用公共艺术作品通常在城市中起到地标和导向的作用。它们为公众提供导航帮助，而且成为城市的独特象征和特色。芝加哥的"豆子"就是一个典型的标志性实用公共艺术作品，其属于一个大型不锈钢雕塑，拥有独特的设计和高度的反射性，使得它成了芝加哥的重要地标和热门旅游景点，同时是市民和游客进行自我导向的重要标记。

安全性实用公共艺术作品的目标是通过艺术的形式提高公众的安全

意识，或者提供一种安全的环境。这类艺术作品通常会融入环保的理念，通过艺术的方式来引导人们遵守规则，提升公众的安全意识。在许多城市的人行道或自行车道上，就可以看到由艺术家创作的独特路面绘画，这些艺术作品通常使用醒目的色彩和图案，吸引行人和骑车人的注意力，提醒他们遵守交通规则，确保自己的安全。

实用性公共艺术的出现，让公共艺术的功能性和审美性得以充分结合，极大地提升了公共空间的质量。实用性公共艺术作品是城市环境、社区生活和公众需求之间的桥梁，它们创造了一个充满活力和创新的公共空间，使艺术成为公众日常生活的一部分。

（二）妆点性公共艺术

妆点性公共艺术作品主要是为了提升城市美学，增加城市特色，激发公众的想象力和思考。它们虽然不直接提供实用性功能，但是可以提升公共空间的审美质量，激发公众对于环境和文化的关注和反思。

从表现形式来看，妆点性公共艺术主要包括雕塑和塑像、壁画和街头艺术、公共装置等。例如，历史人物雕像、抽象雕塑等，它们为城市增加了特色，也是城市历史和文化的重要载体；公共墙画、涂鸦等，这些作品常常能使城市的街道和建筑更加活泼和有趣；光影装置、音响装置等，这些作品通常会吸引公众的注意，激发公众的参与和互动。

妆点性公共艺术的特征在于它主要是为了美化和装饰公共空间，增加城市的特色和魅力。这些作品通常更加注重艺术性，更加自由和开放，它们可能是抽象的、观念的、互动的，甚至是临时的。它们的存在是为了提供一种视觉和感官的享受，激发公众的想象力和思考。

妆点性公共艺术作品强调视觉美学，往往拥有丰富的象征意义和强烈的视觉冲击力。从展示主题角度来看，妆点性公共艺术作品主要包括以下几种类型：

一是发人深省和引发共鸣的开放性主题，此类公共艺术作品经常以发人深省的方式引发观众的思考和共鸣。艺术家会通过对某个主题的深入探索，构建出多元化的解读空间，使公众能够根据自己的理解和感受去解读作品，从而获得对应的感悟。例如，《云门》虽然在形态上呈现出豆型，但它的反射效果和无缝的外观打开了无尽的可能性，观者可以在其表面看到城市的倒影，也可以看到自己和他人的形象，从而引发对于城市、自我和他人的思考。

二是表现创意和工艺技术的装置和构件展示，此类公共艺术作品能够展示艺术家的创新思想和独特技艺，艺术家利用各种材料和技术创作出形式多样、造型独特的作品，使得公共空间充满艺术的气息。例如，日本艺术家草间弥生的《南瓜》，这个超大型的金色南瓜雕塑是艺术家对于南瓜这个日常物品的重新诠释，艺术家通过扩大南瓜的尺度，并赋予它金色的光泽，让这个寻常的物体变得神秘而魅力十足。

三是结合艺术创作的景观展示园地主题，这种形式的公共艺术作品通常会结合自然和人工元素，创造出富有生命力的公共空间。例如，丹麦艺术家奥拉维尔·埃利亚松（Olafur Eliasson）《彩虹全景》，其整个外形是一个巨大的半圆形装置，之后利用阳光和喷水器创建的一道绚丽多彩的彩虹，观者可以在其中穿行，在光线和水的交织中体验独特的视觉效果和情感体验。

这些妆点性公共艺术作品的功能在于为城市空间增添艺术魅力和生活情趣，同时也为人们提供了一个与艺术互动和沉浸的场所。它们通过引发观众的情感共鸣，提供独特的视觉体验和创造富有生命力的环境，使公众在日常生活中能够感受到艺术的力量和美好。

第二节　自然景观视角下的公共艺术

公共艺术不仅可以在城市空间中呈现，也可以融入自然环境，形成与自然景观互动的公共艺术。其中，公园艺术和地景艺术是两种常见的形式。

一、公园艺术

公园艺术是指在公园空间内展现的艺术形式，它以自然环境为背景，结合公园的功能需求和空间特性，创作出能与公众互动的艺术作品。公园艺术是公共艺术与园林景观设计的交叉产物，它综合了艺术创作和环境设计的理念，通过艺术作品赋予公园空间更深的文化含义和审美价值。

（一）实用性和妆点性

公园艺术既有实用性，如为公众提供休闲、游玩的场所；又有妆点性，如装饰公园空间，提升公园的美学质感。其往往强调与自然环境的和谐统一，艺术作品的设计会考虑到公园的景观布局、季节变化等因素，以提供持久和变化的视觉享受。

日本札幌的莫耶拉公园就是公园艺术的典型代表，公园内的大型艺术装置与自然环境完美融合，成为城市中的一道亮丽风景线。

（二）互动性

公园艺术作为一种独特的公共艺术形式，主要是以公园为载体，创造出一种独特的艺术空间，并为公众提供了欣赏和互动的场所。公园艺术在设计和制作过程中，往往考虑到公园的空间布局、环境氛围、历史文化等特性，通过艺术手段进行整合和再创新，使艺术作品与公园环境融为一体。例如，美国纽约中央公园爱丽丝梦游仙境雕塑，设计灵感来源于《爱丽丝梦游仙境》，通过鲜活的角色塑像，激发游客的想象力，同时与公园的环境特性完美结合。

公园艺术作品通常具有高度的互动性，它们是供人欣赏的艺术品，也是供人游玩的场所，甚至可能成为公众活动的载体。例如，丹麦哥本哈根的三色主题公园，包括三个色彩主题区域，分别是红色部分、黑色部分和绿色部分：红色部分紧邻体育大厅，设置了诸多造型独特的体育设施，可以作为体育活动用地；黑色部分则属于城市客厅，是周边民众的公共聚会场所；绿色部分则遍布于高低起伏的绿色小丘中，能够作为大型体育活动用地，公园中的各种艺术装置不仅拥有强烈的视觉冲击力，也为游客提供了丰富的互动体验。

（三）多元性

公园艺术通常具有高度的多元性，包括雕塑、装置、壁画、地景艺术等多种艺术形式，这些艺术形式在公园环境中互相融合，形成独特的审美体验。例如，美国芝加哥的千禧公园，公园内就有多种艺术形式的公共艺术作品，如《云门》雕塑、皇冠喷泉等，它们各自独特，又相互和谐，为公园增添了多元的审美体验。

公园艺术作品通常强调与自然环境的和谐统一，设计过程中会考虑到公园的自然环境，如地形、植被、季节变化等，以达到人与自然和谐共处的艺术效果。例如，日本的苔之庭园，艺术家以苔藓为主要元素，创作了一种极具禅意的自然艺术，让游客在赏心悦目的同时，深感人与自然的和谐。

（四）艺术性

公园艺术并非完全与公园进行长久融合，有时会以临时公共艺术作品的形式，为公园本身增添艺术性，以便增加公园自身的艺术底蕴，因此很多时候公园艺术中的公共艺术作品均有其非常明显的艺术性。

以纽约中央公园在 2005 年呈现的《大门》项目为例，详细分析公园艺术的艺术性。

《大门》项目是纽约中央公园的一部大型公共艺术作品，由艺术家克里斯托和珍妮 – 克劳德（Christo and Jeanne-Claude）夫妇创作。这部作品是中央公园历史上最大的艺术装置，由 7503 个藏红花色的拱门组成，横跨了整个公园，全长 23 英里（约 37 千米），从第 59 街延伸到第 110 街。

耗费了克里斯托夫妇 26 年时间才获得了 16 天的展出许可。

为了制作那些随风飘舞的"门帘"，这对夫妇共使用了 9 万平方米的布料。工程量之大让创作者夫妇不得不针对政府官员、当地市民和工程工人进行大量的引导和解释工作。《大门》将他们特有的审美元素带入纽约的当代社会空间，广大公众可以在公共空间面对克里斯托夫妇的艺术观念，艺术家们也是如此。

《大门》特有的美学效应引发了关于公共艺术如何介入一个特殊空间的有趣争论和研究。它们直线的形式与公园波浪状的轮廓相对应，而每一扇门的独特视觉效果都减轻了把这个作品看作笼统的一大片的简单印象。这些镇定自若的不透明的丝绸在随风飘舞或者有光照射下看起来十分不同，而纽约冬天没有色彩的调色板被染上了鲜明的色彩。克里斯托夫妇创造了一个象征性的空间，然后通过快速使它变成之前的状态，将它的含义扩大到包含有关这件作品的回忆。

《大门》无疑是一次公共艺术中平民主义的成功，所有的人一致赞同《大门》是一次令人难忘的公共艺术实践。这个作品在吸引公众注意力的同时，逐渐使人们认同了作品呈现的是艺术观念和文化思考。作品展出期间，除了媒体狂潮和大批的参观者，给人留下深刻印象的则是《大门》与纽约这座城市所特有的一种乐观主义精神产生的共鸣，而在作品展示结束之后人们只能通过回忆才能感受到它在纽约公共艺术事件中的特殊意义。

从艺术性角度来看，《大门》项目拥有以下几项突出的艺术性特征：一是具备宏大的规模，《大门》由 7503 道拱门组成，覆盖了整个中央公园，属于临时大型公共艺术空间的绝佳代表；二是具备强烈的视觉冲击力，其门帘的藏红花色在冬日的轻风中随风飘动，给冬季的公园带来活力和温暖；三是其吸引了 20 万游客，同时激发了公众的广泛参与，不论是评论还是欣赏；四是《大门》的创作过程涉及政府官员、当地市民和工程工人的大量引导和解释，而展出期间的纪念品和图书销售为当地自然保护组织筹集了资金，获得了较大的社会影响力；五是虽然《大门》被赞誉为一件永恒的杰作，但也有人质疑其装饰性、与环境的关联度以及政治和美学的成就，获得了公共艺术本身就具备的公共参与性。

二、地景艺术

地景艺术起源于 20 世纪 60 年代的美国，是一种以自然景观为材料，通过改变地形或添加人造元素来创作的艺术形式。地景艺术是以大地为画布，以自然材料为媒介，创作出大规模的艺术作品，挑战了传统艺术的空间和材料限制，以便引发人们对于艺术与环境关系的思考。

（一）综合式地景艺术

地景艺术作品通常具有强烈的视觉冲击力和空间震撼感，能引发公众对于自然和人类活动的深度思考，同时其强调艺术作品与自然环境的整体性，作品的设计和制作需要考虑地形、气候、植被等自然因素。

《螺旋状码头》是美国艺术家罗伯特·史密森（Robert Smithson）地景艺术代表作。他在犹他州的盐湖中创作了一个长达 1500 英尺（约 457米）的螺旋形土堆，引发了人们对于地球的时间和空间的思考。

《螺旋状码头》是在犹他州盐湖中创建的一种独特的地景艺术作品，由大约 6000 吨土石和盐沉积物组成，总长度 1500 英尺（约 457 米），形状呈螺旋状，由史密森在 1970 年创作。因此史密森被广泛认为是地景艺术运动的先驱。

史密森是一位极具实验性和独立精神的艺术家，他在艺术创作中经常引入科学、数学和哲学的元素。他的作品具有强烈的地域性，与所处的环境和景观有着密切的关系。《螺旋状码头》的灵感来源于史密森对地球时间和空间的思考，他希望通过这部作品表达出人类对自然界的认知和理解。

《螺旋状码头》使用自然和土地作为创作者的媒介，创造出的是与周围环境相融合的大型户外艺术作品。其利用了自然环境——盐湖，而且形状的设计借鉴了自然界的螺旋形，因此它完全是一个与自然融为一体的艺术作品。

作为地景艺术，《螺旋状码头》所表达的不仅仅是美学感受，更有着深层的哲学思考，作品的螺旋形象象征着宇宙的无穷，它表达了艺术家对自然的敬畏，以及对生命、时间和空间的深思。该作品为公众提供了一个与自然亲近、感受艺术的空间，有效促进了人们对于环境保护和生态平衡的思考。

（二）生态公共艺术

生态公共艺术是一种结合了环境科学、社会学、美学和艺术的跨学科领域，这种艺术形式以环境为主题，创造出了以环境保护、生态平衡和可持续发展为目标的公共艺术作品。

生态公共艺术是地景艺术的一种特殊形态，它不仅表现在艺术作品的形式和内容上，也体现在艺术作品与周围环境的互动和融合上。其重视人与自然的和谐共生，主张艺术创作应该尊重自然、保护环境，表现出了对生态系统的理解和关怀，而且生态公共艺术强调公共空间和社区参与。

生态公共艺术作品可以教育公众理解和关心环境问题，提升公众的环保意识；可以激发社区居民的参与热情，提升社区的凝聚力和活力；能够推动艺术创新，探索新的艺术表现方式和主题。

北京奥林匹克公园中的"生态山"就是生态公共艺术的典型例子，它不仅展示了公共艺术的特点，而且深深地融入了生态环保的理念。2008年奥运会是中国的一次重要的国际展示机会，北京作为主办城市，承担了为世界展示中国现代化、繁荣和开放的任务。北京奥林匹克公园的建设就是在这样的背景下展开的。在设计过程中，设计师积极响应可持续发展和环保的理念，选择了大量的再生材料，并采用了生态设计理念，创造了一个集景观、休闲、运动于一身的绿色公园。

生态山不仅仅是一个美学上的象征，更是一个生态环保的实践，它采用了大量的再生材料，以达到环保的目标。从外形上看，生态山的造型简洁而优美，与周围的环境完美融合，山的设计采用了中国传统的园林设计理念，强调了与自然的和谐；在材料的选择上，设计师大胆地采用了再生材料，如废旧砖石、混凝土等，将它们经过处理后用于山的建设，这一举动充分体现了生态艺术的特性，即艺术家通过创新的方式，将废旧的、被遗弃的物质转化为艺术，同时也体现了对环保理念的积极响应。

生态山既是公园中的一个景观，又是公园中的一个休闲场所。人们可以在山上散步、观景，享受与自然的亲近，生态山的存在也增加了公园的生态多样性，为动植物提供了生存的空间。生态山还对公众产生了深远的影响。

生态山作为 2008 年北京奥运会的重要景观，向世界展示了中国的环保意识和现代化水平；其存在使得奥林匹克公园成了市民的一个休闲去处，增强了人们的生活质量；生态山的成功实施，对推动中国的环保和生态艺术有着重要的意义，它向人们展示了生态艺术的可能性，激发了人们对环保的关注和对生态艺术的兴趣。

这座人造山在提升公园的美观度的同时，也起到了生态保护的作用。其中融入了很多可持续性元素及科技，如雨水收集系统和太阳能设施，显示出艺术、生态和科技的完美结合。

上海滨江公园中的"滨江艺术走廊"则是中国公共艺术的一种创新表现形式，它将艺术与环境相结合，为公众提供了一个欣赏艺术的去处，亲近自然，感受上海滨江美景的空间。

随着上海市的经济发展和城市建设的持续推进，上海滨江区域逐渐得到重视和发展。然而，仅有的商业和居住功能不能满足现代城市人们对高品质生活的追求，因此上海市政府决定对滨江区域进行综合开发，打造成为集休闲、娱乐、艺术于一身的滨江新区。在这样的背景下，"滨江艺术走廊"的创作便应运而生。

"滨江艺术走廊"位于滨江公园，公园内自然环境优美。"滨江艺术走廊"则将艺术作品置入公园，使人们在享受自然风光的同时，也能欣赏到各种艺术作品。这些艺术作品包括雕塑、装置、公共艺术项目等，题材和风格多样，有的展现了上海的历史文化，有的则富含现代感，有的描绘了自然风光，有的则表达了社会主题。通过艺术家们的巧妙设计，这些作品与公园的自然环境和城市背景相得益彰，构建了一个多元化的艺术空间。

"滨江艺术走廊"为市民提供了一个新的休闲空间，使人们能够在快节奏的城市生活中欣赏艺术、体验自然、享受宁静，有效提升了生活品质；通过公共艺术的方式，提升了上海滨江的城市形象；提供了一个展示艺术家创新思想和艺术实践的平台，有利于推动上海乃至中国的公共艺术发展；作为公共艺术的新形式，对于探索公共艺术的发展方向，建设人性化、艺术化的城市环境，具有重要的启示作用。

第三节　人文需求视角下的公共艺术

人文需求视角下的公共艺术，主要是依托当地的人文背景、生活习俗和历史特性等来塑造公共艺术作品，以运用反射、和谐的方式对应环境，与环境相辅相成。其中，纪念性公共艺术景观是人文需求向公共艺术的主要组成部分，通常其尺度巨大，并以建筑形式存在和出现，具有极强的呈现集体记忆、引导集体观念的特征（已在本章第一节进行了分析）。除纪念性公共艺术景观外，还包括其他类型。具体内容可参照图3-1。

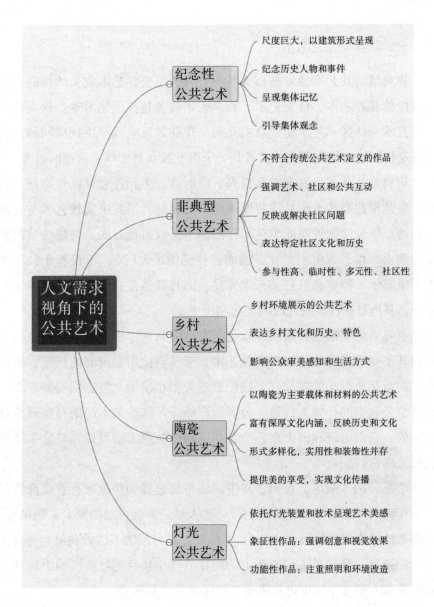

图 3-1 人文需求视角下的公共艺术

一、非典型公共艺术

非典型公共艺术通常是指那些不符合传统公共艺术定义的作品，如临时性的装置艺术、行为艺术、数字艺术或者是社区艺术等。这类艺术强调艺术与社区、艺术与观众的互动，往往是反映或解决社区问题，表达特定社区的文化和历史，或者是为了引发观众对于某一话题的思考。

非典型公共艺术具有参与性高、临时性、多元性和社区性特征，参与性高是指此类艺术作品往往要求观众的参与，以此来实现艺术与观众的互动。临时性则说明此类艺术作品通常是临时设置的，与传统公共艺术的偏永久性形成鲜明对比。前面曾提到的《大门》，不仅属于公园艺术，也属于一种非典型公共艺术作品，而且其通常会和特定的社区紧密相关，其内容往往反映社区的文化和历史。

李鸣岩的《蜗居》系列，就是非典型公共艺术作品中的一个经典案例，其主要呈现形式是临时装置艺术，李鸣岩使用了废弃的汽车、拖拉机，甚至是自行车的零部件，制作成一个个小房子，将它们安置在北京的各个公共空间，如人行道、公园、广场等。这些艺术品的存在通常是临时的，它们出现和消失在各个公共空间，使得人们可以在日常生活中偶然发现它们。

李鸣岩的《蜗居》系列是在中国城市化进程和房地产行业高涨背景下创作而成。随着城市化的进程，一些人被迫离开自己的家乡来到城市，但高昂的房价使得他们无法购房。《蜗居》系列反映了这种现象，通过小房子的形象，呈现了人们对于家的向往，这个项目的社会影响力体现在它引发了人们对于城市化和房地产问题的关注和思考。

另一个非典型公共艺术案例是中国艺术家严迅奇的社区艺术项目《屋顶上的艺术》。这个项目中，严迅奇和社区的居民一起，将居民的废旧物品，如旧衣物、旧家具等，做成各种形状和颜色的艺术装置，挂在社区的屋顶上。

随着城市的发展，许多老旧社区面临被拆除的命运，居民的生活被打乱。严迅奇的项目旨在唤起人们对于老社区的关注，同时倡导环保和再利用的理念，体现中国城市现代化建设过程中的城市更新问题。

这种社区性的公共艺术作品，有效提高了社区居民的生活品质，增强了社区的凝聚力，同时引发了公众对于城市更新和环保问题的关注。该项目改变了公众对于艺术的认知，使得艺术不再是高高在上，而是深入人们的日常生活。

非典型公共艺术借助其互动性极强且极为深入日常生活的呈现形式，让公共艺术变得亲民和生活化，降低了公众接触艺术的门槛；非典型公共艺术的参与性和社区性强化了公众对艺术的主观参与感和归属感；非典型公共艺术多数为临时性，还具备多元性特征，因此使得公共艺术变得生动和多样，从而丰富了公众的生活；通常，非典型公共艺术均指向一个特定的主题，能够引发公众对社会问题的关注和思考，从而实现公共艺术的社会功能。

二、乡村公共艺术

乡村公共艺术是一种在乡村环境中展现的公共艺术，它通过地方性、公众性、参与性和开放性的特点，表达了乡村的文化、历史和特色，同时影响着乡村公众的审美感知和生活方式。

（一）乡村公共艺术的表现特性

乡村公共艺术是一种在乡村环境中的公共艺术表现，需要适应乡村的自然和人文环境，要与乡村社区的公众产生互动，同时，也是一种地方性的艺术表现，融入了乡村的历史、文化和特色。处在乡村的公众不仅是艺术作品的观赏者，也可以成为艺术创作的参与者。

对于乡村公众来说，乡村公共艺术作品能够有效地提高他们的审美鉴赏能力，同时可以提高他们对乡村环境的认知和感知；对于乡村社区来说，乡村公共艺术可以有效提升乡村的文化品位和形象，可以提高乡村的吸引力和知名度；而对于乡村的发展来说，乡村公共艺术能够成为乡村振兴和发展的一种有效途径。

乡村公共艺术的快速发展，与中国乡村振兴、乡村快速发展密切相关，很多乡村通过公共艺术作品的创作和展示，改变了乡村的面貌，提升了乡村的吸引力。

（二）乡村公共艺术的经典案例

以三个经典的乡村公共艺术作品案例来分析乡村公共艺术的发展。

田子坝村的农耕文化艺术村的创建，背景是人们对传统农耕文化的追溯和保护需求。在全球化和城市化的大背景下，许多传统文化和乡村生活方式正在被边缘化，田子坝村的艺术村项目正是对这一现象的回应，试图通过艺术的方式，使传统农耕文化得到保护和传承。

从整个艺术村的设计到景观和装饰，都秉持了尊重自然和人性的理念，反映了农耕文化的精神内涵。在创建过程中，创作者需要确保在尊重传统文化的同时，创新表达方式，使之既不失传统的韵味，又能符合现代审美需求。

最终通过政府的扶持与乡村社区的参与，引入了专业艺术家和设计团队，利用现代艺术和设计手法，对传统文化进行了创新解读和表达，同时利用互联网和社交媒体，对整个艺术村的艺术风格进行了宣传和推广。艺术家们在村里创作了一系列以农耕文化为主题的公共艺术作品，如雕塑、壁画和装置艺术，不仅丰富了乡村的视觉空间，而且提升了乡村的文化品位。

田子坝村的艺术村项目以农耕文化为核心，其艺术风格主要展现的是农耕社会的生活状态与人文精神，简朴、质朴的艺术语言充分展示了农耕文化的魅力。对传统建筑的保护再利用，既有深厚的历史底蕴，又富有现代感，反映了人们对乡村生活的向往，以及对传统农耕文化的尊重和保护的人文需求。

福建土楼是中国的一项重要文化遗产，其独特的建筑形式和深厚的历史文化吸引了许多艺术家前来创作，从而形成了依托福建土楼所形成的公共艺术作品。

福建土楼的公共艺术创作主要是以土楼的独特建筑风格和生活方式为基础，融入现代艺术手法进行创新。这种艺术风格既保留了土楼文化的本质，又具有现代艺术的审美特征。从雕塑、壁画到摄影作品，各种艺术形式都在展现土楼的魅力，反映了人们对土楼文化的深刻理解和热爱，以及对保护和传播这一特色文化的人文需求。

多数依托福建土楼创作公共艺术作品的艺术家，都拥有对土楼文化的热爱，以及对土楼建筑的独特魅力的追求。他们创作各种作品，目的就是体现尊重和保护土楼文化展现土楼的美丽和魅力。有的艺术家会通过摄影的方式，捕捉和展现土楼的光影和线条；有的艺术家则通过绘画或雕塑的方式，表现土楼的结构和形态。艺术家们创作的公共艺术作品，如土楼雕塑和壁画，展示了土楼文化的魅力，同时提升了村民的艺术素养和审美鉴赏能力。

湖南凤凰古城是中国的一个重要历史文化名城，为了体现尊重和保护凤凰古城原有的历史文化和自然环境，推动古城新变，很多艺术家开始通过艺术手法进行创新，以传统湖南凤凰文化为基础，融入现代艺术创作手法，创造出一种具有凤凰特色的艺术风格，并促使其成了富有艺术气息的艺术村落。

凤凰古城通过创建凤凰艺术村，引入了一系列以湘西文化为主题的公共艺术作品，如木雕、石雕和陶瓷艺术，这些作品深深地吸引了游客和村民的目光，同时传播了湘西的历史文化和特色。

例如，有的艺术家通过绘画或雕塑的方式，表现了凤凰古城的历史风貌和文化内涵；有的艺术家则通过音乐或表演的方式，表现了凤凰古城的生活方式和人文精神。

凤凰古城的艺术风格不仅体现在传统工艺、音乐和舞蹈的创新表达，还体现在建筑设计和环境布局中。艺术村的每一处都充满了艺术气息，展现了凤凰文化的魅力，反映了人们对凤凰文化的深厚感情和对保护、传承这一特色文化的人文需求。

总的来说，无论是田子坝村、福建土楼还是湖南凤凰古城，在创作公共艺术作品的过程中，都是以尊重和保护原有的文化和环境为基础，通过特定的艺术手法和艺术视角，表现和传承了独属于该乡村的文化和精神。这不仅丰富了中国的公共艺术形式，也使中国的文化遗产得到了更好的传承和发展。

三、陶瓷公共艺术

陶瓷公共艺术是人文需求向公共艺术的一种重要形式，它通过独特的手法和表现形式，在公共空间中创造了引人注目的艺术形象。陶瓷公共艺术的出现和发展，丰富了公共艺术的类型和样式，也为城市的美化和公共空间的营造提供了新的思路。

（一）陶瓷公共艺术的特征

陶瓷公共艺术的本质是艺术和公共空间的结合，以陶瓷为主要材料，以艺术的手法，创作富有观赏性和公共性的艺术作品，进而丰富公共空间，激发人们的情感，提升城市的文化内涵和艺术品位。

在内容上，陶瓷公共艺术往往富有深厚的文化内涵，能够有效反映出某个地方、某个群体的历史、文化、生活和精神；在形式上，陶瓷公共艺术作品多样化，既有装饰性的艺术墙、艺术雕塑，也有实用性的公共设施，如陶瓷长凳、花盆等，这些作品常常采用创新的造型设计和工艺技术，使陶瓷的美感、耐久性和公共性得以充分体现。

陶瓷公共艺术在丰富公共空间、塑造城市形象、提升城市文化品位等多个方面具有重要作用。陶瓷公共艺术通过在公共空间中设置艺术作品，可以有效丰富城市的视觉环境，提升城市的艺术氛围，同时人们在日常生活中能够随时接触到这些艺术作品，享受到艺术带来的愉悦感。

陶瓷公共艺术通过反映特定地方和群体的历史文化，可以有效帮助塑造和传播城市形象及展示城市的文化底蕴。例如，某地如果拥有丰富的陶瓷历史和文化，那么通过陶瓷公共艺术作品，就可以向外界展示这种独特的文化特色。

陶瓷公共艺术通过提供观赏和可供使用的艺术作品，可以提升城市的文化品位，增强城市的吸引力。这种艺术形式不仅提供了美的享受，也为城市提供了文化的积累和传播。

一个典型的例子是荷兰城市代尔夫特，其拥有悠久的陶瓷历史，因其蓝白色陶瓷而闻名，城市中有许多以此为灵感的陶瓷公共艺术作品，包括雕塑、墙面装饰和公共设施等。这些作品美化了城市，也成了传播代尔夫特陶瓷文化的载体。

（二）陶瓷公共艺术之中国经典案例

随着现代城市建设的不断推进，陶瓷公共艺术在中国得到了广泛应用和发展。以下从景德镇陶瓷公共艺术、奥林匹克陶瓷艺术墙、上海外滩陶瓷公共艺术三个案例对陶瓷公共艺术进行分析。

景德镇被誉为"瓷都"，拥有世界上最悠久、最精湛的陶瓷制作技艺。在景德镇的公共空间中，陶瓷公共艺术作品随处可见。这些作品无论是装饰性的艺术墙、雕塑，还是实用性的陶瓷长凳、花盆，都深深地烙印着景德镇独特的陶瓷文化。这些陶瓷公共艺术作品也成了景德镇的一大亮点，它们融入了景德镇公共空间的每一个角落，成为城市风貌的一部分。

景德镇的陶瓷公共艺术不仅丰富了公共空间、提升了城市艺术氛围，而且在无声中展现和传递着景德镇深厚的陶瓷文化和精神，引发了人们对传统文化的思考和反思，满足了人们对文化认同的需求。

景德镇陶瓷公共艺术的艺术风格多样且独特。这些艺术作品既继承了景德镇陶瓷的传统工艺，又融入了现代艺术元素，体现出了独特的艺术风格。例如，景德镇的公共空间中的陶瓷雕塑，其色彩鲜明，造型生动，能够吸引人们的注意力；而陶瓷长凳、花盆等实用性的陶瓷艺术作品，其设计巧妙，美观实用，既满足了人们的实际需求，又提升了城市的艺术气质。

景德镇的陶瓷公共艺术传递了独特的文化信息。其每一件陶瓷艺术作品都如同一个故事讲述者，讲述着景德镇陶瓷的历史，展示着景德镇陶瓷的魅力，传递着景德镇人民对陶瓷文化的热爱和对美的追求。这些陶瓷艺术作品，如同城市的名片，让世界对景德镇的文化有了深入了解。

2008 年奥运会是中国首次承办的夏季奥运会，也是奥运会历史上第一次在中国举办，对于中国而言具有里程碑意义。在筹备奥运会的过程中，中国政府非常重视城市的景观设计和公共艺术的建设，目标是向世界展示一个现代化、开放式的北京，同时传递出中国深厚的文化底蕴。

奥林匹克公园的陶瓷公共艺术——《希望的田野》，作为奥林匹克公园的一个重要组成部分，它的设计和创作就承载着这样的历史使命。该作品由数万块陶瓷拼接而成，形成了一幅长约 1000 米的壁画，其规模和视觉冲击力极大。这些陶瓷都是专门定制的，形状、大小、色彩等各异，反映出中国陶瓷艺术的独特魅力，而且陶瓷的耐久性和色彩的鲜艳使得这个艺术作品在任何季节和天气下都能保持美丽。

这幅巨型壁画以五谷丰登的田野为主题，以大地为背景，展示了丰收的景象。壁画中的稻谷、玉米、小麦等作物都以陶瓷的形式被生动地展现出来，富有层次感和动态感。这是对农耕文明的一种独特致敬，也体现了人类对和谐共生的向往，这个主题非常符合奥运会的精神——相互理解、友谊、团结、公平竞争。

北京奥林匹克公园的陶瓷艺术墙，既保留了陶瓷艺术的传统特色，又巧妙地融入了现代艺术的元素。壁画的设计中，既有传统的农耕元素，也有现代的抽象表现，整体给人以强烈的视觉冲击力。在色彩的选择上，它运用了陶瓷艺术的多种表现手法，使得整个画面色彩丰富，明快活泼。

陶瓷的质地坚硬，耐磨耐蚀，使得这件公共艺术作品可以长久地存在于公共空间中，而且随着时间的推移，陶瓷的色泽更显古雅，增添了艺术墙的历史感。另外，陶瓷的丰富表现力使其成为一种强大的情感和思想的载体，可以传递出深深的文化底蕴，这幅长约 1000 米的巨型陶瓷壁画，以五谷丰登的田野为创作主题，表达了人类对美好生活的向往和追求，成了一种强大的情感和思想的载体。

五谷丰登的田野是中国传统文化中的一种象征，象征着和平、安宁、富饶。通过这件陶瓷公共艺术作品，传统文化元素与现代公共艺术形成了完美结合。

上海是中国最大的城市，也是国际重要的经济、金融、贸易和航运中心，拥有深厚的历史文化底蕴和独特的城市风貌。随着城市的高速发展，上海旧时的记忆正在逐渐淡化。在这样的背景下，《上海记忆》应运而生，它以陶瓷艺术为载体，以雕塑的形式反映了上海的历史变迁，为现代人提供了一个回望历史，重温文化记忆的平台。

作为上海外滩的一个陶瓷公共艺术项目，其主要由一系列陶瓷雕塑组成的艺术作品，反映了上海自古至今的发展历程，而且通过凸显上海独特的城市历史和文化，进一步塑造和传播了上海的城市形象。这些雕塑生动地再现了上海过去的市井生活、人物、建筑、事件等，无论是手捧簪花的上海女子，还是老式的上海理发师，或者具有特色的石库门建筑，都在静静讲述着上海的故事。陶瓷作为一种传统的艺术材料，其质地坚硬、颜色鲜艳，不仅能保证作品的长期保存，更能给人留下深刻的视觉印象。

《上海记忆》提供了一个供人们欣赏艺术的公共空间，更重要的是，它通过反映历史文化，传播了上海独特的城市精神和文化价值观，从而增强了人们的城市认同感和文化自信。《上海记忆》将陶瓷艺术与公共雕塑艺术相结合，形成了独特的艺术语言，不仅继承了陶瓷艺术的精致和细腻，还注入了公共艺术的开放性和公共性，其艺术形象生动、直观，易于公众接受和理解。

《上海记忆》以一种创新的方式保存和传承了上海的历史文化，成为上海城市文化的重要符号，无论是对上海本地居民，还是来自全世界的游客，它都能引发深深的共鸣和认同。

四、灯光公共艺术

灯光公共艺术是一种以灯光为媒介的公共艺术形式，它包括各种装置艺术、建筑灯光设计、灯光节等，这种艺术形式的内涵丰富多样，可以是象征性的，可以是功能性的，也可以两者兼具。

（一）灯光公共艺术的不同内涵

灯光公共艺术能够带给观众强烈的视觉冲击力和空间塑造力，它不仅仅是点缀在城市之中的装饰，更是对公共空间进行重新定义和创造的艺术手段。

象征性的灯光艺术强调的是创意和视觉效果，其艺术内涵主要在于表达和象征。灯光作为一种媒介，能够通过色彩、形状、动态变化等手段，来呈现出艺术家的创意和观念。这种类型的灯光艺术作品通常强调的是视觉效果和情感表达，可以是抽象的、隐喻的，也可以是象征性的、具有故事性的。它们在公共空间中犹如光的雕塑，不仅仅吸引人们的眼球，更引发人们的思考和联想，而且此类艺术作品的风格通常兼具创新、前卫、视觉冲击力强。

功能性的灯光艺术更注重照明效果和环境的改造；此类作品通常以实用性为出发点，提升公共空间的使用价值和舒适度。例如，通过灯光的布局和调度，可以改变空间的视觉感知，营造出不同的氛围和情感；通过灯光的指向和照度，来改善公共空间的安全性和可见度，其明显的特征是具有极强的整体性、连贯性、和谐性。

灯光公共艺术所依托的技术特性，也是其艺术创作的重要组成部分。一方面，现代的灯光技术，如 LED、数字控制、智能化等，为艺术家提供了丰富的创作手段和可能性。另一方面，艺术家需要充分理解和掌握这些技术，才能将其有效地应用于艺术创作中，达到预期的艺术效果。

（二）灯光公共艺术之中国经典案例

上海外滩源是一个历史建筑群的修复项目，设计师利用灯光和声音等元素，将这些旧建筑转化为一个充满活力的公共空间。项目的创作背景是上海的城市更新和历史保护问题，设计师希望通过这个项目，让公众重新认识和使用这些历史建筑。创作特征主要体现在灯光设计上，设计师运用了各种灯光技术，如时间隧道、光影墙等。这个项目的影响力在于它成功地改变了公众对于历史建筑的认知和使用方式，同时提升了上海的城市形象。

上海外滩源是一座集历史、文化和艺术于一身的城市空间，由一群历史建筑群组成，通过修复和改造，让这些具有深厚历史的建筑焕发了新的活力。上海外滩源中的灯光公共艺术作品，通过充满创意和感染力的灯光设计，不仅改变了公众对于这些历史建筑的认知和使用方式，也提升了上海的城市形象。

上海作为中国的经济中心和国际大都市，城市的快速发展和变化，使得很多历史建筑面临被遗忘和破坏的命运，外滩源正是这些历史建筑的一个缩影，它们见证了上海的历史变迁和文化积淀，包含了丰富的人文信息和历史记忆。设计师希望通过对这些建筑的修复和改造，让公众重新认识和使用这些历史建筑，激发公众对于城市历史和文化的关注和热爱。

上海外滩中的灯光公共艺术创作，完全是一种艺术与技术的深度结合。设计师需要先对这些历史建筑进行深入的研究，了解其历史背景、建筑风格、空间结构等，然后通过灯光设计，将这些建筑元素和历史信息进行艺术化的表达和解构。例如，利用投影技术，将历史图片和视频投射在建筑的外墙上，让公众可以直观地看到上海的历史变迁；利用LED灯，将建筑的外形和细节进行强化和突出，提升建筑的视觉效果和识别度；利用光纤，创造出如时间隧道、光影墙等视觉效果，增加公众在空间中的参与和体验。

在整个项目中，设计师运用了各种灯光技术，如投影、LED灯、光纤等，创造了各种视觉效果。这些灯光效果不仅增强了建筑的视觉效果和识别度，而且在视觉上和情感上引发了公众的共鸣和反思。例如，时间隧道的设计，通过灯光的动态变化，模拟出时间流转的感觉，象征着上海的历史长河；光影墙的设计，通过光影的变幻，形成了丰富和动态的视觉效果，展示了上海的活力和多元。

公共艺术作品，通过对历史建筑的修复和改造，激发了公众对城市历史和文化的关注和热爱；通过创新的灯光设计，提升了公众在空间中的体验和参与，增加了公众对公共空间的认同和归属感，也有效提升了上海的城市形象，使之成了上海的一个新的城市标志。

广州珠江灯光秀是一个创意丰富、影响深远的大型灯光艺术项目。它将整个广州的城市风貌转化为一幅壮丽的光影画卷，展现了广州的历史变迁和现代风貌，同时成为广州城市形象的重要载体。

珠江灯光秀是一个大型的灯光表演项目，它利用广州两岸的建筑作为投影的屏幕，通过灯光和音乐，展现了广州的历史和现代。作为中国南方的重要经济中心和历史文化名城，广州一直致力于提升其城市形象，吸引国内外游客。珠江灯光秀就是在这样的背景下诞生的。它利用灯光技术和艺术创新，展示了广州的城市魅力，为广州的城市形象增色，同时带动了广州的旅游业发展。

在整个创作过程中，设计师充分利用了广州两岸的建筑作为投影的屏幕，通过各种灯光技术，如激光、LED灯、投影等，配合音乐，创造了一个视听盛宴。灯光秀的内容既有展现广州历史文化的部分，如岭南文化、海上丝绸之路文化等，又有反映广州现代风貌和发展成就的部分，如珠江新城、广州塔等。丰富的内容和壮丽的视觉效果，使得珠江灯光秀成为广州一道独特的夜景。

珠江灯光秀在灯光设计和音乐设计方面具有非常巧妙的创新和突破，设计师运用先进的灯光技术，将灯光和音乐完美结合，使得每一处光影都充满了节奏感和动态美。这种创新的设计手法，使得珠江灯光秀不仅仅是一个灯光表演，更是一种艺术表达、一种城市的呼吸。

珠江灯光秀成功满足了公众对美的追求和对历史文化的认同感。公众在欣赏灯光秀的过程中，能感受到视觉的震撼，也能从中了解广州的历史文化和城市发展，增强了对广州的认同感和归属感，而且灯光秀的举办为公众提供了一个重要的社交场所，人们可以在这里相聚欣赏，感受城市的繁华和活力。

作为一项成功的灯光公共艺术项目，珠江灯光秀凭借其独特的艺术风格和深远的社会影响力，成为广州一道亮丽的城市名片。

第四章　当代艺术语境下的公共艺术

第一节　当代公共艺术的重塑

当代艺术是从 20 世纪 60 年代发展至今的艺术形式，它的诞生标志着艺术领域进入了一个多元、开放和跨界的新时代。当代艺术在各个方面都显示出鲜明的特性和趋势，这些特性和趋势对公共艺术产生了深远影响。

一、当代艺术语境特征

当代艺术的最大特性就是多元化和包容。在当代艺术中，不再有统一的标准和规范。这种多元化的趋势在公共艺术中得到了充分体现，从雕塑到装置，从绘画到影像，从传统的艺术形式到最新的科技艺术，各种艺术形式和风格在公共空间中并存。

当代艺术还具有跨界和综合特征。当代艺术家经常跨越艺术和非艺术的边界，将各种领域的元素和技术融入艺术创作。这种跨界的趋势也影响到公共艺术的创作，许多公共艺术作品涉及建筑、设计、景观、科技等领域，形成了一种多学科的艺术创作模式。

当代艺术还特别注重观念和过程，而非仅仅是最终的作品。许多当代艺术家把创作过程、观众参与、社会互动等元素纳入艺术创作，强调艺术的社会性和公共性。这种观念在公共艺术中得到了深化，公共艺术不仅仅是一个物质的艺术作品，更是一个公共参与和社会互动的过程。

当代艺术的发展为公共艺术提供了丰富的可能性和挑战。在当代艺术的影响下，公共艺术不再仅仅是装饰和标志，而是成为一种复杂的社会和文化现象，涉及艺术、社会、公共空间、公众参与等多个方面。

二、当代观念与公共艺术空间重塑

（一）当代艺术观念中的代表

20 世纪 60 年代，极简主义在美国兴起。从本质上说，极简主义主张探索和呈现物体最原始的状态和形式，否定艺术创作中的叙事性表现。通过与作品本体的互动，去感知和诠释作品的内涵，甚至成为艺术作品的一部分，最终完成作品审美价值的延伸。

极简主义艺术家通常以一种客观的、冷静的、非叙事性的观察视角和形式语言从事艺术创作，用最直接的造型方式传达思想，使艺术形式回归其本源。他们试图简化和纯化造型语言，按照马塞尔·杜尚（Marcel Duchamp）的"减少、减少、再减少"的原则处理抽象表现主义艺术中依然存在的图示、形象或空间，将作品减少到最基本的几何形态。

极简主义追求事物的客观性，而不追求风格。极简主义的代表艺术家唐纳德·贾德（Donald Judd）曾经解释：自己之所以放弃绘画，而从事立体形态创作，是因为无论绘画语言多么抽象，它都不具有寓意，且永远带着一种挥之不去的叙事性。因此，要创作真正前卫的艺术，必须依赖最为简单、严谨的几何形体。

在 20 世纪 80 年代晚期，极简主义已经被广泛运用于造型艺术的各个领域。极简艺术家喜欢用现代工业材料来制作他们的作品，在公共环境中产生和谐的视觉美感，因此被广泛认作是城市公共艺术的一种方式。

（二）极简主义观念下公共艺术空间的重塑

极简主义艺术家强调艺术应该摒弃一切多余的修饰和个人情感的投射，回归艺术的本质，追求形式的简洁、纯粹和客观。其在公共艺术中的应用是当代艺术发展的重要趋势之一。

极简主义艺术在公共艺术中的应用主要体现在其对于空间、形式和材质的精简处理，以及追求的通用性和公共性。公共艺术由于其公开的特性，需要对社会大众有较强的包容性和普遍性，这恰恰与极简主义的艺术理念相符。在极简主义的影响下，当代公共艺术更加注重艺术与环境、艺术与观众的关系，同时更加追求艺术形式的简洁和纯粹。

以三位极简主义艺术代表人物为例分析极简主义观念下公共艺术空间的重塑。

丹·弗拉文（Dan Flavin）是极简主义的重要代表之一，以用荧光灯为主要媒介的装置艺术而闻名。他的作品不仅是物体的展示，而且带有强烈的空间参与感，在一定程度上重新定义了公共艺术的可能性。

弗拉文的艺术理念源于他对抽象表现主义和极简主义的理解。他将艺术创作看作是一种探索，旨在揭示和解读日常生活中的物品。其目标是在他选择的地方创造一个具有艺术气息的环境。这种理念反映了他对荧光灯的兴趣和关注，视其为一种通用的、平凡的，且具有鲜明的视觉和空间效果的材料。

弗拉文最为人所知的作品就是他的荧光灯系列。创新之处在于他将荧光灯从其传统的功能环境中移除，以一种非传统的方式重新配置和展示。例如，他的作品《纪念塔罗莎·德拉克洛瓦五》将五个荧光灯竖立在角落，使之成为一个与周围环境互动的装置，整个作品没有任何多余的装饰和符号，完全以荧光灯的形态和光线作为艺术表达。这种形式的简洁和纯粹，以及作品的通用性和公共性，充分体现了极简主义艺术的特点。

弗拉文的艺术作品对公共艺术产生了深远影响。他的荧光灯装置改变了人们对物体和空间的认识，打破了人们对艺术作品应该如何存在于公共空间的固有认识。他的作品不仅仅是一个物体，也不只是一个视觉符号，更是一个与周围环境进行互动的空间元素。这一创新理念引领了公共艺术的发展方向，使之从单一的雕塑或摆设转变为一个与观众和环境共同构建和互动的整体。

另外，弗拉文的荧光灯作品也为公共艺术提供了一种新的创作媒介。这种廉价、易于获得且具有明显视觉效果的材料，为艺术家提供了更多的创作可能性。荧光灯的照明效果也引发了人们对光线、色彩和空间关系的新的思考，这对公共艺术的发展起到了推动作用。

唐纳德·贾德（Donald Judd）是极简主义艺术运动的关键人物。他的作品以简单的几何形状和重复的形式著称。这些形式常常被组织在特定的序列或网格中。贾德的作品拓宽了人们对雕塑及其在空间中的表现的认识，对公共艺术的重塑和发展产生了深远影响。

贾德的艺术理念主张形式的简单和直接，他抵制任何形式的象征或隐喻，强调材料的物质性和雕塑的物体性。他追求的是一种自我引用的艺术，即作品不再是一个表达或象征某些东西的媒介，而是它自己的存在。在他看来，艺术应当只是关于自身。他曾说："一个物体的主要性质就是它的真实性。"这个理念使他的艺术创作专注于材料、形状和空间，而不是借此传达某种抽象的含义。

一个典型的贾德作品是他的《镶嵌箱》，他使用工业材料，如铝或铅，制作出重复的长方形框架，并将它们固定在墙上。每个框架之间的空间都相等，这种重复和序列化的布局强调了物体与空间的关系，以及物体自身的存在。这些作品拒绝传统的雕塑表现方式，将雕塑视为一种可以触摸和环绕的物体，从而创造出一种新的空间感知和体验。

贾德对公共艺术的影响主要体现在他如何将作品融入公共空间。他的雕塑不再是放置于环境中的孤立对象，而是成了空间的一部分，与其环境形成互动。他的作品需要观者从各个角度观察，通过移动和环绕来感知和理解。这种将艺术与空间整合的方法，使公共艺术从传统的雕塑或纪念碑模式转向了更加开放和参与性的实践。

贾德的工业材料使用也对公共艺术产生了影响。他的作品展示了工业材料可以作为艺术创作的媒介，这使公共艺术得以与其环境和社会背景更紧密地联系起来，从而更好地反映与回应公众的生活经验和社会现实。他的作品开创了一种新的艺术形式和空间表达方式，将艺术作品与公共空间更紧密地融合在一起，为公共艺术的进一步发展提供了新的可能性。

美国当代雕塑家理查德·塞拉（Richard Serra）的作品以大型、重量级的钢铁雕塑著名。塞拉的艺术理念和实践对公共艺术的发展产生了深远影响，特别是他如何处理雕塑与空间的关系，以及他对材料性质的强调。

塞拉认为，雕塑不仅是一个物体，也是一个空间的塑造者。他的作品不再是单独的物体，而是与观众和环境相互作用的实体。这种对空间的探索和塑造使他的作品超越了传统雕塑的定义，而变成了一种观念和感知的体验。

塞拉的代表作《扭转弧线》就是一个很好的例子。作品是由扭转的椭圆形钢板制成的，观众可以在其内部行走和体验。在作品中，塞拉创造了一种新的空间感知，使观众能够亲身体验作品的内在结构和动态变化，从而引发对空间和物质的新认识。

塞拉的另一种创新是对材料性质的强调。他的作品常常由未经处理的工业材料制成，如钢铁。这种材料的选择使得作品具有一种原始和直接的质感，同时暗示了工业社会的现实。在塞拉看来，材料的物质性是作品的重要部分，它不仅决定了作品的外观和质地，也影响了作品的空间效果和观众的感知体验。

塞拉对公共艺术的影响主要体现在他如何将作品融入公共空间，并以此激发公众的参与和感知。他的作品通常需要观众在物理和感知上与其互动，通过移动和观察来体验作品的结构与空间效果。这种方法改变了公共艺术的形式和功能。

第二节　当代艺术语境下公共艺术的发展

在当代艺术语境之下，公共艺术经历了前所未有的发展和转变，这种发展不仅仅表现在艺术形式和技术手段的多样化上，更在于其理念和意义的重塑，这无疑使公共艺术的性质和功能发生了根本性变化。

一、公共艺术的当代发展

公共艺术与当代艺术语境的融合是公共艺术当代发展的重要特征之一。在当代艺术中，艺术家和观众的角色正在发生转变，艺术家不再只是创作的主体，观众也不再只是接受的对象。公共艺术的出现就是对这一变化的最好反应。在公共艺术中，艺术家和观众都参与艺术的创作和接受过程，这无疑使得艺术更加多元化和开放，更贴近公众的日常生活。

在当代艺术语境下，公共艺术的定义和功能也在发生蜕变。过去，公共艺术通常被看作一种装饰或标志，其功能主要是美化环境和象征权力。然而，在当代艺术语境下，公共艺术的功能已经超越了装饰和象征，它开始承载社会、政治、历史等多元化的含义，并以此促发公众的思考和对话。

在公共艺术的发展过程中，社会因素的影响是不容忽视的。公共艺术是对社会现象、社会问题的反映和回应。公共艺术不仅在形式和内容上表现出强烈的社会性，而且在创作过程和展示过程中，充分体现了与社会的紧密关联。

公共艺术在当代艺术语境下的发展呈现出融合和蜕变的特点。如装置、行为、新媒体等，这无疑使公共艺术的语言和表达方式更加丰富和多样。另外，公共艺术的功能也发生了变化，它不只是美化环境和象征权力的手段，更是观众思考和对话的平台，甚至是社会改变和进步的动力。这种变化不仅丰富了公共艺术的内涵，也提高了公共艺术的社会价值。

二、当代艺术语境下公共艺术的多维发展

在当代艺术语境下，公共艺术发展的深度和广度都在迅速扩展。它不仅融合了当代艺术语境的特征，而且在蜕变和发展，形成了一种新的艺术形式和观念。以下从公共经验的重塑和发展、公共记忆的重塑和发展、公共感知的重构、公共话语的建构四个角度分析公共艺术在当代艺术语境下的多维发展。

（一）公共经验的重塑和发展

在公共艺术中，公共经验的重塑和发展是一个关键的话题。从个人叙事到公共经验，从私密的记忆到广泛的共识，艺术在这个过程中起到了媒介和催化剂的作用。

个人叙事，也被称为自我叙事，通常是指个体对自身经验的解释和叙述。这种叙述往往基于个人的历史、记忆和情感，表现出极高的个体性和主观性。在艺术创作中，艺术家通过个人叙事将自身的情感、想法和观念注入作品，从而使作品具有独特的个性和表达力。

相比个人叙事，公共经验更关注的是共享的、公共的、社会的经验。这种经验通常基于广泛的社会事件和问题，包含共同的历史记忆、社会观念和价值观。公共经验旨在引发广大观众的共鸣和思考，进而推动社会的认知和价值转变。

在公共艺术中，个人叙事和公共经验的融合是一种常见的创作方法。艺术家通过个人视角对公共事件或问题解读，旨在引发公众对于社会现

象和社会问题的思考。这种方法使得公共艺术不仅仅是一种美的体验，更是一种社会和文化的体验。例如，通过塑造具有象征意义的公共雕塑或装置，艺术家可以将个人的历史记忆或社会观察转化为公共的视觉经验，从而提供了一种新的社会解读和社会批判的可能。这种融合反映了艺术家个人的视角和情感，也呼应了广大公众的社会经验和社会需求。

以草间弥生的作品为例，她的装置艺术《无尽的镜子之间》便是一个很好的例子。这部作品是由无数的彩色点和镜子组成的空间装置，观众进入其中就像进入了一个无尽的、多彩的宇宙。草间弥生通过这部作品，将自己的个人叙事——童年经历、对点和无限的迷恋——转化为公共的视觉经验。观众在体验这个作品的过程中，不仅能感受到艺术家的个人情感和想象，也能引发无限的深度思考，从而实现个人叙事与公共经验的融合。

路易斯·布尔乔亚（Louise Bourgeois）是一位享有国际声誉的艺术家，其生涯几乎跨越了 20 世纪，她的作品领域涵盖雕塑、绘画、版画等。作为一位女性艺术家，她用自己的作品揭示了个人叙事和公共经验的重要性。她的创作并不仅仅是个人的情感宣泄，而是与观众进行一种深度的交流，其中往往混合了个人记忆和社会经验。

作为一位极具影响力的艺术家，布尔乔亚的创作风格深受其个人生活经历的影响。她的父亲的背叛、母亲的早逝、自身的心理创伤，都在她的作品中得以显现。然而，布尔乔亚并没有将其作品仅限于个人的内心世界，而是通过这种个人叙事，引发观众对于社会、性别、权力等问题的关注。因此，她的作品既具有个人叙事的内涵，又具有公共经验的影响。

布尔乔亚会将自身的个人经历、情感和记忆注入作品。例如，她的《母亲之屋》系列，将其对母亲的思念和对父亲的愤怒，以及对家庭破碎的深深忧虑，巧妙地融入了她的作品。此外，她的作品也深受其自身心理创伤的影响，如对痛苦的体验等。

布尔乔亚的作品引发了公众对于广泛社会问题的关注。她的《母系社会》系列，通过展示女性的力量和母性的主题，引发了观众对于性别、权力和社会结构的深度思考。此外，她的作品旨在激发公众对于人类的共同经验的认识，如对于痛苦、恐惧、孤独的体验等。

路易斯·布尔乔亚的《母亲》可能是她最知名的公共艺术作品。这个雕塑以其庞大的规模和生动的形象，吸引了大量的观众。在这个作品中，蜘蛛代表了布尔乔亚的母亲，象征着照顾、护卫和勤奋。然而，蜘蛛也带有恐怖和危险的意味，这些复杂的情感交织在一起，为观众提供了一种强烈的视觉和情感体验。

（二）公共记忆的重塑和发展

公共记忆，也被称为集体记忆，是指社会群体对过去事件的共同记忆，这些记忆在历史、文化和身份认同中扮演着重要角色。公共记忆在公共艺术中具有独特的地位和功能，它的重塑和发展直接影响社会的历史观和价值观。

随着时代的变迁，公共记忆常常面临毁灭和重生的挑战。例如，当一个社会经历了战争、灾难或其他形式的社会变革时，原有的公共记忆可能会被遗忘、扭曲或消失，然后由新的公共记忆取而代之。在这个过程中，公共艺术作为公共记忆的载体和传播工具，其作用尤为重要。艺术家通过创作公共艺术作品，重新塑造和发展公共记忆，从而使过去的事件在当下得到再现，引发公众的反思和对未来的思考。

公共记忆在公共艺术作品中的创作表现多种多样，如纪念碑、雕塑、壁画等。这些作品在视觉上再现历史事件，强化公众对于历史的记忆，同时反映了社会的历史观和价值观。例如，柏林的犹太人大屠杀纪念碑，这个公共艺术作品由 2711 块大小、形状各异的混凝土石块组成，以此纪念在大屠杀中丧生的犹太人。这个作品提醒人们记住这段悲惨的历史，同时引发了公众对于战争、暴力、人性等问题的深度思考。

公共艺术通过公共记忆的重塑和发展，强化了公众的历史意识和集体身份，激发了公众对于历史和未来的反思与思考。无论是在视觉表现上还是在深层意义上，公共艺术都为社会提供了理解和解读历史的独特视角，从而发挥了其在社会文化中的重要作用。

让·汤格利（Jean Tinguely）和马克·迪·苏维洛（Mark Di Suvero）都是具有代表性的公共艺术家，他们的作品在公共记忆的重塑和发展中起到了重要的作用。

法国艺术家让·汤格利的作品以简洁明了的形式，深入探讨了人类的历史和未来。他的雕塑作品常常在公共空间中展出，以此激发观众的集体记忆，引发公众对于社会问题的反思。

汤格利的《旗帜》系列作品就是非常好的例子。这个系列的作品以各种形式的旗帜为主题，旗帜作为一个重要的象征符号，通常代表着一个国家或一个集体的历史、文化和身份。在汤格利的作品中，这些旗帜被重新塑造和解构，既呈现出旗帜原有的历史和文化意义，又揭示出其背后的社会和政治问题。

汤格利的另一件作品《植物园》的中心雕塑———一座超大型手指指向天空，这个雕塑也引发了公众的广泛关注和讨论。这个作品以一种直观的视觉形象，提醒人们关注自然环境的保护，同时唤起人类对地球的影响的反思。

1982年至1983年，汤格利和妻子尼基·德·圣·法尔（Niki De Saint Phalle），在巴黎蓬皮杜中心广场建立了斯特拉文斯基喷泉。蓬皮杜中心是当时巴黎的文化中心，需要一个大胆、新颖的公共艺术作品来吸引人们的眼球。

汤格力和德·圣·法尔从斯特拉文斯基的音乐作品中汲取灵感，尤其是他的《火鸟》和《春之祭》，最终设计了一系列色彩鲜明的雕塑，这些雕塑以抽象的形式表现了斯特拉文斯基音乐的节奏感和力量，每个雕塑都有一个喷水的部分，这些喷水部分也是根据音乐的节奏和力量设计的。

汤格力和德·圣·法尔的艺术风格以大胆的色彩、形式和创新的材料使用为特点，他们的作品既有抽象表现主义的影响，也有波普艺术的影响。斯特拉文斯基喷泉就是该风格的一个完美例子。这些色彩鲜明的雕塑虽然形式抽象，但是富有生动性和动态感，完全符合斯特拉文斯基音乐的特点。

斯特拉文斯基喷泉不仅是对伟大作曲家斯特拉文斯基的纪念，也是对 20 世纪艺术和音乐的纪念。这个喷泉以其独特的设计和鲜明的色彩，吸引了无数观众，已经成为巴黎的一个地标，也成了公众记忆中不可磨灭的一部分。

美国艺术家马克·迪·苏维洛（Mark Di Suvero）的作品以大型公共雕塑为主，这些雕塑多以历史人物或事件为主题，以此重新塑造和发展公共记忆。迪·苏维洛的艺术创作生涯深受其多元化的背景和哲学学习的影响，他的公共雕塑作品以其巨大的规模和强烈的视觉冲击力为人所知，他通过公共艺术创作，成功地重塑了公共记忆，使人们对公共空间有了全新的认识和理解。

迪·苏维洛的家庭为了逃避法西斯政权的迫害，从意大利迁至中国，1933 年，迪·苏维洛在中国上海出生，这段早年的生活经历使他深受东西方文化的影响，这种多元文化背景对他日后的艺术创作产生了深远影响。第二次世界大战爆发后，他们全家移民到美国。迪·苏维洛在加州大学圣芭芭拉分校和伯克利分校学习哲学和雕塑。这段学习经历对他的艺术思想产生了重要影响。

1957 年，迪·苏维洛移居纽约。1959 年迪·苏维洛首次举办展览，其雕塑作品以其巨大的规模和鲜艳的色彩吸引了人们的目光，并推动其成为抽象表现主义艺术年代最具影响力的艺术家。他的公共雕塑作品经常使用废弃的钢材和工字钢进行创作，这些作品被展示在公共花园、大学校园和城市广场等公共空间。

迪·苏维洛创作雕塑时，主要依靠直觉和想象力，从而并不会受到初步设计图或画稿的影响，形成了随性地构想结构形态，探索雕塑形体间的平衡、形体、重力和流动性的创作特征。这种独特的创作方式让他的作品具有强烈的个性和鲜明的艺术风格，他的很多巨型作品虽然结构抽象，但雕塑语言丰富，创作过程充满激情。

迪·苏维洛的作品对公共记忆的重塑有着深远的影响，他的作品不仅改变了公共空间的视觉体验，而且改变了人们对公共空间的理解和认识。通过他的作品，人们可以看到公共空间不仅是人们生活的场所，也可以是艺术的舞台，是人们思考和感知的场所。他的作品让公共空间变得更加活跃，更加有活力，使人们可以在日常生活中感受到艺术的魅力。例如，迪·苏维洛的代表作品《闪电公爵》，是一座巨大的大卫·鲍伊（David Bowie）铜像，这座雕塑位于荷兰的格罗宁根，用来纪念已故的音乐家大卫·鲍伊。这座雕塑是对大卫·鲍伊的个人致敬，同时是对其音乐遗产和影响力的集体记忆。

无论是汤格力还是迪·苏维罗，他们的作品都在公共记忆的重塑和发展中扮演了重要的角色。通过他们的作品，可以感受到公共艺术对历史的纪念，是对未来的探索和期待。通过这些作品，重新塑造和发展了公共记忆，为公众提供了理解历史、理解社会和理解自身的新视角和新路径。

（三）公共感知的重构

公共艺术中的现实与幻觉交织，为观众提供了超越现实的视觉体验，通过改变人们对于空间、时间、自我和他者的认识，实现了公共感知的重构。这些作品通过在形式、色彩、空间等方面的创新，引导人们超越日常生活的现实，进入艺术家设定的幻觉世界。这种现实与幻觉的交织，让人们在平凡的公共空间中感受艺术的魅力，体验一种与众不同的审美感受。

公共艺术作品在重构公众的空间感知。艺术家通过作品改变了公共空间的视觉特征，引导公众从新的角度去理解和感知周围的环境。例如，通过巨大的雕塑或装置艺术改变公共空间的布局和比例，让人们对于空间有了全新的认识。此外，公共艺术作品也通过打破常规的表现手法，改变了人们对于时间的感知。例如，通过动态的雕塑或视觉艺术让人们在静止的公共空间中感受到时间的流动。

公共艺术作品还可以重构公众的自我感知和他者感知。通过引导公众参与艺术作品的创作和体验，让人们在互动中寻找自我，理解他者。例如，通过互动式的装置艺术引导公众参与，让人们在体验中感受到自我存在的价值，同时感受到与他者的联系和交流。

公共艺术中的现实与幻觉交织，提供了一种超越现实的审美体验，改变了人们对于空间、时间、自我和他者的感知，实现了公共感知的重构。这种重构丰富了公众的日常生活，提升了公众的艺术素养和社会认知，强化了公共艺术在社会生活中的重要地位。

安东尼·葛姆雷（Antony Gormley）的作品着眼于人类的存在和体验，在公共艺术领域有着广泛的影响力。

葛姆雷的作品包括装置、雕塑和公共艺术项目，这些作品往往涉及人体，探索个体与环境、观众与艺术之间的关系。他的许多作品将人体置入特定的环境，以此来探索个体在空间中的存在。通常使用粗糙的材料，如铁、铜和混凝土等，这些材料的质感强烈，能够引人深思。葛姆雷的创作哲学集中在人类对身体、时间和空间的认识。

《北方天使》是葛姆雷于1998年在英国盖茨黑德创作的一座巨大的钢铁雕塑。这座雕塑以人的形象展现，但其尺寸远超过人的体型，让人对现实与幻觉的界限产生困惑。在看似平凡的公共空间中，这座巨大的雕塑形成强烈的视觉冲击，引导人们对公共空间有新认识。

《时域》则是葛姆雷于2006年在意大利南部的罗马遗址中创作的一件公共艺术作品。借此表明这些全是机械再生产的产品，来自工业化的制作过程，与庞贝城留下的遗迹不同。该雕塑改变了公共空间的视觉特征，也引导观众从新的角度去理解和感知周围的环境。

葛姆雷直接挑战了古典雕塑的确定性，并且格外强调观者的主体地位。古典雕塑的对象总是政治英雄、宗教领袖或理想化的人体，他们稳定、有序，享有特权。而葛姆雷力捧观众，他的作品能够让观众重新考虑自己在时间和空间中的位置，并让观众的经验与作品互相作用，从而形成一种不迎合规则、深入质疑生存环境的理念。

1997 年，葛姆雷创作了大型公共作品《别处》，100 个铸铁人体塑像被放置在浅滩上，作品在海滩延绵 2.5 平方公里，深入海水 1 公里，每个人体都面向海平线，相距 50 米至 250 米不等。有的挺立在沙滩上，有的没入沙地，有的站立在海水中。

（四）观念造境和公共话语的建构

观念造境是主要指艺术家通过创作在特定空间中塑造特殊的环境或情境，以此激发观众的思考和体验，呈现特定的观念或主题；公共话语则是指在公共空间中形成的、关于公共事务的交流和讨论，包括不同观点和立场的对话与争鸣。

观念造境和公共话语之间有着密切的关系。观念造境是公共话语的重要媒介和载体，它通过视觉的方式引发和促进公共话语的产生；公共话语反过来影响观念造境，因为艺术家的创作常常需要反应和参与当前的公共话语，而公众的反馈和讨论可能对艺术家的创作产生影响。

当代艺术语境之下，观念造境和公共话语开始不断进行融合，并对公共艺术的发展产生了重要影响。例如，观念造境和公共话语的融合，使公共艺术不再局限于具象的雕塑或装置，也包括观念艺术、行为艺术等新的艺术形式，丰富了公共艺术的表现手法和形式；观念造境和公共话语的融合，使得公共艺术不仅是艺术家的创作，也是公众的参与和体验，增强了公共艺术的社会参与性；观念造境和公共话语的融合，使得公共艺术能够更好地反映社会现实，参与社会讨论，从而提高了公共艺术的社会影响力。

在当代艺术语境之下，如何在保持艺术性的同时，更好地发挥社会功能和社会效果的挑战。

公共艺术也可以通过观念造景和公共话语的融合建构来影响与改变公众的思想和行为。艺术家通过创造新的艺术形象和艺术语言，为公众提供了一种新的理解和解释社会现象的方式，从而影响了公众的观念和态度，推动了社会的发展和变革。例如，一些具有批判性的公共艺术作品，代表性的就是社会雕塑或涂鸦艺术，可以通过对社会问题或社会现象的讽刺和批判，引发公众的思考和反思，从而推动了社会观念的改变和社会进步。

美国印第安纳州布鲁斯·瑙曼（Bruce Nauman），以其富有挑战性和颠覆性的艺术作品著称。他的创作领域包括雕塑、装置、行为艺术等，很多作品深入探讨了语言、身体、权力等主题，丰富而多元。

在公共艺术创作中，布鲁斯·瑙曼对观念造境和公共话语的融合做出了积极探索。他的公共艺术作品《请走得慢》是一个室内录像装置作品，观众进入一个黑暗的空间，看到一块显示屏，上面显示着一句话："请走得慢"。通过这个作品，布鲁斯·瑙曼创建了一个特殊的观念情境，引发了公众对于权力、规则、社会行为等议题的思考，从而激发了丰富的公共话语。

印度孟买的安尼施·卡普尔（Anish Kapoor）则是一位享誉国际的当代艺术家，其作品以探讨空间、形状、颜色等元素为主，强调物理和观念的交融。他的作品多为大型公共雕塑和装置，以其惊人的视觉效果和深刻的主题赢得了公众和批评家的高度评价。

安尼施·卡普尔的公共艺术作品在观念造境和公共话语的融合上，同样表现出巨大的影响力。他的大型公共雕塑作品《云门》，位于美国芝加哥的米莱尼亚公园。这个作品由不锈钢制成，外形酷似豆形，表面光滑如镜，可以映照出周围的建筑和天空。这个雕塑不仅创造了一个强烈的视觉影响，也引发了公众对于城市、自然、技术等议题的思考和讨论。

无论是布鲁斯·瑙曼的录像装置，还是安尼施·卡普尔的公共雕塑，他们都通过创作在公共空间中塑造特殊的情境，引发了公众的参与和讨论，使艺术作品成为公共话语的一部分，这种融合丰富了公共艺术的表现形式和内容，也增强了公共艺术的社会影响力和参与性。

第三节　当代公共艺术的发展新动力

一、空间中的共生与再生

（一）空间中的共生

共生的概念源于生物学，是指两种或多种不同的生物相互依存、共同生活，并从中获益的现象。这种关系可以是相互利益、相互依赖，或者一种生物依赖另一种生物生存。在更广义的层面，共生可以描述任何具有相互影响、互补或相互支持性质的复杂关系。

其实早在两千多年前，中国就已经在运用共生的概念，且该概念超越了生物学、社会学的范畴，是一种人生观、哲学观、生命观乃至宇宙观，即老子的《道德经》中所说：道生一，一生二，二生三，三生万物。

从公共空间角度来看，共生的内涵更加复杂，公共空间中各种事物的相互依存关系、平衡关系进而达到共生的状态，人与人之间的共生，也包括人与环境、人与文化、人与历史等多元共生关系的建立。

共生还表现为同一空间中的不同生物之间并未和谐共处，而是相生相克。

自然生态共生关注的是人与自然环境之间的和谐相处。公共空间是人与自然相互交融的场所，它既需要满足人的需求，也需要尊重自然的规律。如卢森堡公园、布特·沙蒙公园等，就是自然生态共生的典范。这些公园以绿色为主色调，绿树成荫，鲜花繁盛，创造了一个既满足人们休闲需求又兼顾生态保护的共生空间。

文化历史共生关注的是人与文化、历史的共生关系。公共空间应该尊重和维护其所在地的文化和历史，使其成为连接过去与现在、本土与全球的桥梁。例如，北京的故宫博物院，既是一座深厚的历史建筑，也是现代公众参与的公共空间，故宫博物院通过多样化的展示和活动，让公众更深入地了解和体验中国传统文化，实现了文化历史与现代公众的共生。

公众价值共生关注的是人与社会价值的共生关系。公共空间应该是一个包容和尊重多元价值观的场所，让所有公众能在其中找到归属感和参与感。例如，纽约的时代广场，它是城市的商业中心，也是各种社会活动和公众表达的舞台，无论是广告牌上的广告还是街头艺人的表演，都在表达和反映公众的多元价值观，体现了公众价值的共生。

在公共空间中，共生不仅是空间的特性，也是空间设计和管理的目标。通过促进自然生态共生、文化历史共生和公众价值共生，公共空间可以成为一个真正属于所有公众的和谐、包容、有生命力的场所。

（二）空间中的再生

传统与现代的共生，不仅仅在描述两种不同的生活方式或者思想观念在形式上的和谐共存，更重要的是在揭示人类自身面临的矛盾和挑战。如今带来了人类生存和生活方式的重大变革。然而，人们仍然受到传统的宗教信仰、习俗观念的影响。

在城市化进程中，城市对乡村文化的吞噬效应愈加显著。一种新的力量，就是空间中的再生，使得传统的艺术形式作为一种可复制的形式，在新的时代中被赋予了新的象征意义。

破坏并重建似乎已经成为城市扩张的常态，但这种扩张的恶果显而易见。推倒这些空间，就等同于物质上消除了生活在此地的人的特定记忆和情感。

二、自然和谐发展之路

（一）以自然为根基

公共艺术的历史和发展总是与社会变迁和文化发展紧密相连。近年来，随着环境问题的日益严重。在这个大背景下，公共艺术也在向自然和谐的理念进行转变，逐渐发展为以自然为根基的创作理念和方式，其主要体现在以下几个方面：

其一，公共艺术开始尝试以一种更具环保意识和自然关怀的方式进行创作。这种创作方式关注的不仅仅是艺术品本身的审美价值，更重要的是强调艺术与自然环境的关系，通过创作过程对自然的尊重，以及艺术作品在环保意识、生态教育等方面的社会效用。

许多公共艺术作品开始使用可持续的、生态的材料，如废弃物、再生材料等，不仅降低了艺术创作对环境的压力，也使艺术作品本身就是一种环保的行动。这类艺术作品还尝试揭示人与自然的关系，以此唤起公众对自然环境的关注和珍视。

其二，公共艺术开始尝试将自然元素融入艺术创作，创造出一种人与自然和谐共处的美感。这不仅表现在对自然景观的直接描绘或借鉴，也在于通过引入自然元素和规律，创造出与自然和谐的空间环境和体验。

这种公共艺术作品往往更强调艺术与环境的整合，通过对自然的解读和再现，使观者在艺术体验中感受到自然的魅力和价值，引发人们对自然和谐的深思。

其三，公共艺术在创作方式和主题也开始反思人类对自然的态度和行为，通过艺术表达对环境问题的关注和批判。许多公共艺术作品以环境破坏、气候变化等为主题，强调人类的生活方式和行为对自然环境造成的影响。

这类艺术作品通常以强烈的视觉冲击和情感震撼，引发公众对环境问题的关注和反思，激发公众对自然环境的重视，鼓励人们积极改变行为，以实现人与自然的和谐共处。

（二）传统自然观在公共艺术的融入

中国公共艺术在当代的发展中，大力倡导并深入实践自然山水观和天人合一的观念。其中，城乡关系理念、传统文脉观念和城市建造观念都在不同程度上体现了这种倾向。

自然山水观和天人合一的观念在现代城乡关系的理念中得到了生动体现。在中国的城市化进程中，城乡二元结构逐渐消失，城乡一体化成为发展趋势。在这个过程中，城市不仅是经济发展的中心，也是文化交流的场所，而农村更多地承载了自然生态和传统文化的功能。

这种城乡关系的转变体现了自然山水观和天人合一观的影响。从自然山水观的角度，城市和农村的发展应该遵循自然规律，保持和谐共生；而从天人合一的角度，城市与农村的互动应该是有机融合，使人的生活更加接近自然。

自然山水观和天人合一的观念也在传统文脉观念的塑造中发挥了重要作用。中国文化历来注重历史传统和文化延续，在公共艺术的创作中，这种观念更是深入人心。

许多公共艺术作品在继承传统文化的同时，也体现了对自然的敬畏和对天人合一的追求。例如，许多公共雕塑、建筑以自然山水为题材，采用了水墨、楹联等传统艺术形式，使人们在欣赏艺术的同时，能感受到自然的美和人与自然的和谐。

自然山水观和天人合一的观念在城市建造的过程中也发挥了重要的作用。中国的城市设计理念历来强调人与自然的和谐共处，这在当代的城市建设中得到了进一步发展。例如，城市公园的设计就强调模仿自然山水，创造出人与自然和谐共处的空间；而城市的规划设计也越来越注重自然环境的保护和人类生活的可持续发展。这种城市建造观念的转变，既体现了对自然山水观的追求，也体现了天人合一观的影响。

自然山水观和天人合一的观念在中国公共艺术的当代发展中发挥了重要的引导作用。这种传统自然观在公共艺术发展中的融入，不仅体现了中国文化的历史传统和特色，也表明了中国公共艺术在追求现代化的同时，积极寻求与自然和谐共处的方式。

三、推动人文精神的塑造

（一）城市公共空间对公众心理的影响

城市公共空间是生活在其中的公众的生存生活和娱乐空间，其整体架构和风格，必然会对公众的心理产生巨大的影响，这种影响主要体现在三个层面：一是视觉质量的影响，二是环境意象的影响，三是心理暗示的影响。

从城市的视觉质量来看，视觉质量不仅仅塑造了城市的艺术特征，更深深影响了居住或游玩在城市中的每一位个体。城市的整体公共空间视觉效应由多种要素构建，这些视觉要素进一步定义了城市空间中各种不同场所的特征。

美国人本主义城市规划理论家凯文·林奇（Kevin Lynch）指出，城市的视觉质量关键在于它的"可读性"或清晰度，即容易被受众识别的连贯形态。城市"若想"，其街区、地标或街道就需要易于识别，这样才能形成一个完整的形态。

城市环境意象的优良取决于它的空间和方向，特别是人们会从路标、公共汽车站牌等中识别城市的方向。林奇认为人们不会在城市中迷路，就是这个原因。

设想一下，作为现实生活中的人，若普遍在这个城市中经常迷失方向，这就说明，这个城市在环境意向的设计上存在不足。因此，为了避免设计不当带来的焦虑和恐惧，公共艺术家理应从心理健康的角度审视当前城市的空间和方向，也就是说，在城市的设计中主观的加入人文关怀，让人们在不知不觉中感受有方向感设计带来的便捷。

事实上，每个城市都离不开一些常规的设施，而这些设施既是城市的组成部分，也是城市空间中不可或缺的文化元素。这些元素构成了城市公共空间环境，包括建筑、街道等，都会在城市中承担一定的社会功能和作用，都会对城市意象产生重要影响。林奇认为，一个整体活跃的物质环境能够形成清晰的意象，同时扮演一种社会角色，成为群体交流活动记忆的符号和基本材料。

从空间的心理暗示出发探究城市空间是否具有安全感和认同感，人们习惯于熟悉的生活方式和无力空间，当这些空间及其环境发生改变时，人们自然会产生心理上的不适应，甚至对所处的空间产生一种不安全感等心理状况。

当然人们对熟悉的空间、相对有序的空间更容易接受，对熟悉的交流场域及其熟悉的环境自然产生一种愉悦之感。相反，人们会对相对陌生的环境产生距离感，心理上有一种不舒服的感觉。这种空间多为多形态相互排斥，空间秩序较为混乱，或者是光线灰暗、地面潮湿等。

如果在一个相对稳定的空间中进行过渡的装饰，或者在色彩上处理不当，会引起受众产生不良情绪，哪怕是高端的艺术品，也会给人一种不舒适的感觉，除了体量、材质、色彩等多种因素外，还包括设计师和公共艺术家的设计理念，这是一个复杂的设计过程。因此，将无序的空间转换成有序的空间，是公共艺术家在实施中必需考虑的环节，目的很简单，就是满足人们对安全和舒适的实际需求。

相反，若处理不当，一个城市就会显得混乱，这会增加人们不愉快的心理暗示，结果会产生无休止地争夺生存空间，无节制地占据其他空间的心理暗示。这种心理暗示会导致城市公共空间更加混乱。

但是，城市公共空间井然有序、相互依存，其中的公共艺术作品自然会顺应趋势，公众在其中生存也就不会产生视觉和心理的不适感，而是会舒心和宽心，感受到极为平稳的安全感，这种积极的心理暗示，会使整个城市更加井然有序、和谐统一。

（二）中国公共空间推动人文精神的塑造

中国现代城市化的过程是一个从农业文明向工业文明的转变，这个过程中，城市建筑和城市空间的变化反映了人们视觉空间的变化。这些现代城市的空间符号，如高楼大厦和商业区，代表了消费主义和盈利主义，符合人们短暂世间寄托主义的心理。

在这些被消费主义占据的空间中，可以看到那些代表城市乃至文明发展历史的空间符号，虽然这些空间在时空转换中失去了原始的精神，但是它们被赋予了新的时空意义。

一种观点认为，这些"旧"空间应该被拆除，以建立"新"空间。另一种观点认为，应该在拆除"旧"空间的同时考虑"新"空间的建立。过度的文化归属感可能会导致人们过分依赖历史惯性，甚至可能会产生与区域文化传统的断层。

当城市发展面临"旧"与"新"空间如何相处问题时，公共艺术家会自觉将视角投向塑造城市的整体设计思考中。基于此，公共艺术家对城市的历史和未来进行全面思考，其中的难点是如何平衡固有的优质的资源和未来可能发生的相关问题。一般情况下，艺术家除了尊重城市众多的需求外，还要考虑局部空间的具体环境。公共艺术家的设计观念和偏好不同，设计出来的公共艺术作品样式也不同。在这种情况下，有时可能在满足大多数人的审美需求下按照统一变化的原则，实现"和而不同"。因此，城市发展与公共艺术作品的内容有密切联系，大多数遵循某种艺术风格，在某种特定的空间中建立良好秩序，它离不开环境设计的空间布局风格、格调和审美趣味，其目的就是满足消费者的审美追求，因此，随着城市自身的发展变化，它的空间及其公共艺术作品随之发生一些微妙变化。

　　每一个城市都是由建筑、公共场所、道路桥梁等实体组成相对完整的物理空间，在这些空间中物体的形态各异，相互作用，共同构建一个开放与封闭的系统。从功能上看，其内部的多样化结构赋予了城市的多重性格，无论是相对拥挤的居住环境，还是相对开阔的广场，它们谁也离不开谁，并在人们生活中占据不可忽视的地位。

　　诚然，每个城市的公共空间形态不同，所承载的社会功能不同。一般而言，公共艺术作品中富有文化韵味，承载当地人们的公共精神。对于一个城市而言，公共艺术自身在不断发展，伴随它的公共艺术呈现不同时期的特点，其自身的差异性以及随着社会活动变化带来的变化明显。当然一个城市的公共艺术某个阶段也会出现不同时代交叉重叠的现象，例如，在现代城市的公共空间中会发生过去某个时期的社会活动。在皖北阜阳市颍上县的管仲老街，所呈现的建筑风格，以及当地的集会等民风民俗，就保留了古代留存的农业特征。亳州市谯城区的明清老街的古建筑、老街等，依然可见明清时期社会活动的影子。

　　以亳州"花戏楼"为例，其作为一个明清建筑群，建造之初是山陕商人处理商业事宜的地方，是晋商地位的代表。时至今日，"花戏楼"被现代公共空间和居民建筑包围，它的精神内涵得到延伸，是当地建筑文化教育公众的一个特殊场所。它与亳州谯望楼、药材大市场等现代公共建筑构成丰富的建筑文化景观。其建筑的公共精神和时代精神得到彰显。淮北、蚌埠、宿州等也有类似这样的公共空间，将不同时间的文化含义展现在同一个城市的公共空间中，相融相生。

　　在皖北传统的节日中，地方戏、斗鸡、五禽戏等是常有的民俗活动，但是它们的展演没有固定的场所，所以古建筑遗存和传统的民俗活动正在演绎变化，原有的活动场所功能发生了变化。这些建筑环境或社区的基本结构不可能完全具有现代意义，但是从不同的方面向公众展示区域内空间的基本信息，在展示手段上，或多或少体现科技含量和开放度，这样才被人们接纳，并产生互动。对于一个城市而言，不可能把城市公共空间完全现代化，一些旧的习俗会渐渐消失，但不会完全消失，因为还有一些人习惯于怀旧，这就是一个城市让人们忘不掉的宝贵财富。正因为这样，我们依然能看到一些传统的习俗，是那么遥远又那么亲近。

在大部分现代化城市文化建设和发展中，民间许多宝贵的东西我们不会将它完全舍弃，主要原因是它具有相当的保护空间，最起码有一部分群体在维系着这种关系，这种坚持对公共艺术的发展来说，就是文化传承和传播。

第五章 公共艺术设计的审美

第一节 公共艺术设计的理论基础

公共艺术设计具有开放、公开特质，是由公众自由参与和认同的公共性空间设计。关于该方面的研究理论丰富，主要的理论包括以下四种。

一、市民社会与公共领域理论

市民社会与公共领域理论是一个涉及政治科学、社会学、人类学和文化研究等多学科的研究领域。这个理论关注的是在公共领域中市民社会的发展和作用。

（一）公共领域理论的形成和发展

市民社会通常被理解为介于国家和市场之间的一种社会结构，是由各种非政府和非营利的社会组织、团体和网络构成的。市民社会的主要任务是通过公民参与来保护社会公益，并提供一个政治讨论的场所，这个场所被称为公共领域。

公共领域理论的形成过程可以追溯到 18 世纪的欧洲启蒙运动，这是一个主张理性、自由和平等的社会运动。最初公共领域被视为理性批判和公民讨论的空间，这一观念在 18 世纪的欧洲大大强化，公共咖啡馆、读书会、报刊和小报等被视为公共领域的关键构成元素，它们为公民提供了交流思想、讨论公共事务的场所。公共领域被看作公民可以自由交流思想和信息的场所，它为公民参与政治决策提供了可能，同时帮助形成了现代意义上的市民社会。

20 世纪，公共领域理论被发展和深化。德国哲学家和社会学家尤根·哈贝马斯（Jürgen Habermas）是这一理论的主要贡献者之一。其《公共领域的结构转变》对公共领域理论有深入阐述。

哈贝马斯认为，公共领域是自由公民在平等条件下讨论公共事务，以此来影响政治决策的空间。在这个领域里，公民可以充分行使他们的言论自由权，参与公共事务的讨论和决策。对哈贝马斯来说，一个健康的公共领域是保护公民基本权利、实现民主决策的重要机制。

然而，哈贝马斯的公共领域理论也遭到了批评。批评者认为哈贝马斯的公共领域理论存在一种理想化的趋势，他忽视了公共领域中的权力差异、社会阶级差异等问题。此外，哈贝马斯的公共领域主要是以语言和理性讨论为主，这也遭到了一些批评者的质疑。他们认为，公共领域不仅是理性讨论的场所，也应包括情感、身体和实践等非语言元素。

这些批评推动了公共领域理论的进一步发展。如女性主义者批评了公共领域理论中的性别偏见，提出了"反公共领域"和"私人领域"的概念；一些后现代主义者则批评了公共领域理论中的理性主义和通用性主张，他们强调公共领域中的差异性和多元性；一些研究者还从全球化、数字化和媒体化等角度，研究公共领域在新的社会文化环境下的变化。

社会运动组织、志愿者团体、非政府组织、慈善机构等，在公共领域中扮演着重要的角色，他们提供了一个供公民交流思想、提出问题、解决争议的平台。同时，这些组织和团体也是市民社会的主要构成部分，他们通过各种活动来保护社会公益，推动社会进步。

（二）公共领域理论对公共艺术设计的作用

市民社会与公共领域理论对公共艺术设计拥有非常重要的作用，主要表现在以下几个方面：

首先，公共领域理论强调公共领域是公民交流思想、参与公共决策的场所，这为公共艺术提供了一个根本的理论基础。公共艺术作品是公共领域中的重要组成部分，它们不仅是艺术创作的成果，也是公民社会参与和公共讨论的载体。因此，设计公共艺术作品时，需要考虑艺术性，也需要考虑其在公共领域中的社会功能和角色。

其次，公共领域理论强调公共空间的开放性、多元性，还强调公民参与的重要性。这对公共艺术设计提出了新的要求，即公共艺术应该倾听公众的声音，反映公众的需求和期望，而不仅仅是艺术家的个人表达。这为公共艺术设计提供了方法论指导。公共艺术作品应尊重和体现社会的多元性，反映不同群体的声音和视角。而且公共艺术作品也应具有开放性，鼓励公民的参与和互动，引发公众的思考和讨论。

再次，公共领域理论关注公共空间的公平性和公正性，为公共艺术设计提出了道德要求。公共艺术作品应公平对待所有的公民，尊重他们的权利和尊严，避免产生歧视和排斥。而且，公共艺术作品可以通过揭示社会问题，推动社会公正。

最后，市民社会与公共领域理论提供了一种评估公共艺术的标准，即公共艺术的价值不仅在于它的艺术性，还在于它对公共领域和市民社会的贡献。这就要求公共艺术设计者不仅要注重艺术创新，还要关注公众利益，以及公共艺术对公共领域和市民社会的影响。公共领域理论还关注公共空间与权力关系的互动。这为公共艺术设计提供了独特的视角。公共艺术作品可以揭示和批判权力结构，也可以作为抵抗和反抗的工具。

随着公共领域理论的发展和不断完善，该理论已经在许多公共艺术项目中发挥了积极的影响。例如，社区参与型的公共艺术项目，就是基于公共领域理论的启示，通过鼓励社区居民参与艺术创作，来提升公共空间的开放性和包容性。一些公共艺术作品，通过揭示社会问题和批判权力，来推动社会公正和改变。

二、当代艺术理论

在艺术史中，当代艺术一词通常是指自第二次世界大战结束后至今的艺术形式和实践。这个时期的艺术发生了一些重要的变化，包括媒介的多元化、艺术创作方法的创新、艺术思考方式的转变等。

（一）当代艺术理论的发展

当代艺术理论的形成和发展，并非一蹴而就，而是一个持续的、开放的过程，其在不断吸收新的观念和理论，接纳不同的观点和批评之后，才得以适应艺术的发展和社会的变化。

从当代艺术理论的发展角度来看，其主要经历了三个阶段，不同阶段均反映了艺术史中的重要变迁：

1. 现代主义艺术理论阶段（约 1945—1960 年）

现代主义艺术理论的起源可以追溯到 20 世纪 40 年代中期，一直持续到 20 世纪 60 年代。在这个时期，现代主义艺术理论是艺术发展的主导，重视形式纯粹性、原创性和主观表达。

现代主义艺术理论的代表人物克莱门特·格林伯格（Clement Greenberg）和哈罗德·罗森堡（Harold Rosenberg）。

格林伯格的艺术理论主要是围绕现代主义艺术的"纯粹性"进行的。他认为，现代艺术应该剥离掉所有非艺术的元素，专注于艺术自身的特性。如绘画应该专注于平面性和颜色，雕塑应该专注于空间和质量，这种观点被称为"形式主义"，因为它强调艺术的形式而非内容。

格林伯格也是抽象表现主义运动的主要倡导者，他的理论强调了艺术的自律性，并将其看作社会和政治现象的逃避。他认为，抽象表现主义艺术家如杰克逊·波洛克（Jackson Pollock）和威廉·德·库宁（Willem de Kooning）成功地实现了现代艺术的纯粹性。他的这些理论对 20 世纪中期的美国艺术有着深远影响。

哈罗德·罗森堡也是 20 世纪的重要艺术评论家，他对现代主义艺术理论也做出了重要贡献。罗森堡出生于纽约，他的写作生涯始于 1930 年代。罗森堡的艺术理论与格林伯格的形式主义截然不同。他认为艺术不仅仅是形式，也是表达。

他主张艺术应该反映艺术家的个人体验和情感，而非追求纯粹的形式。他提出了"行动画"这个概念，用来描述那些将绘画视为行动或过程的艺术家。

罗森堡的理论对美国抽象表现主义运动有着重要影响，他的思想也被认为是后现代主义的预兆。他的写作不仅关注艺术，还关注文化、政治和社会问题。他的理论强调了艺术的过程性和暂时性，强调艺术作品是在特定的社会和历史背景中产生的。

2. 后现代主义艺术理论阶段（约 1960—1980 年）

随着 60 年代的文化转变和 70 年代的社会政治运动，现代主义的主导地位开始受到挑战，后现代主义艺术理论开始崭露头角。在这个阶段，艺术家和理论家开始批判现代主义的假设，提出了一系列新的理论和观念。

其中最具代表性的人物就是让－弗朗索瓦·吕奥塔尔（Jean-François Lyotard）和弗雷德里克·詹姆森（Fredric Jameson）。

让－弗朗索瓦·吕奥塔尔是一位法国哲学家，是后现代主义理论的主要发展者之一。他在巴黎大学教授哲学，是新哲学学派的代表人物，他最重要的理论成果是关于"后现代条件"的理论，以及"消解大叙述"的观念。吕奥塔尔主张消解大叙述，他认为现代主义艺术理论过于关注统一性和一致性，忽视了社会和文化的多元性。

吕奥塔尔在他的代表作《后现代的条件：知识的报告》（1979 年）中提出了"后现代"这个概念，他描述后现代为一个"消除大叙述"的时代。大叙述是用来解释历史和社会发展的总体性理论或观念。吕奥塔尔认为，在后现代时期，大叙述已经失去了凭据，人们开始更多地关注小故事，即个体的经验和声音。

在艺术领域，吕奥塔尔的理论倾向于支持那些反抗主流、追求差异、关注边缘与少数群体的艺术形式。他提倡打破传统的艺术形式和观念，鼓励艺术家以创新和独特的方式来表达个体经验。这种艺术理论对当代艺术，尤其是后现代艺术，产生了深远的影响。

弗雷德里克·詹姆森是美国著名的文化和政治理论家，他是马克思主义文化批评和后现代理论的重要人物。他的工作涵盖了一系列学科，包括政治理论、文学批评、文化研究和艺术理论。詹姆森提出了后现代主义文化逻辑的理论，他认为后现代主义艺术是消费社会和晚资本主义的产物。

詹姆森在他的代表作《后现代主义或者晚期资本主义的文化逻辑》（1991年）中详细阐述了他的后现代理论。与吕奥塔尔的理论不同，詹姆森的后现代理论更加关注后现代艺术与广泛的社会、经济环境的关系。他认为后现代艺术是在后工业社会条件下发展起来的，它与消费主义、媒体文化、全球化等现代社会现象紧密相连。

在詹姆森的理论中，后现代艺术的特点是"深度消失"和"模拟"。他认为，在后现代艺术中，艺术的表面成了主要关注的对象，而艺术的深度，即它的意义和内容，变得模糊不清。他也强调了模拟的概念，即后现代艺术往往复制或模仿既有的艺术形式和图像，而不是创造新的内容。这种理论观点对后现代艺术的理解和评价产生了重要影响。

3. 当代艺术理论阶段（约1980年至今）

从20世纪80年代开始，艺术理论进入了当代艺术理论的阶段。这个阶段的理论反映了艺术的多元性、跨学科性和全球性。艺术理论开始关注更多的社会和文化问题，如身体政治、性别问题、种族问题、全球化等，同时也开始反思自身的地位和作用，也更加关注理论与实践、学术与社区之间的关系。

在这个阶段，一些重要的艺术理论家和批评家，如霍尔·福斯特（Hal Foster）、罗塞琳·克劳斯（Rosalind Krauss）、朱迪思·巴特勒（Judith Butler）、巴巴拉·克鲁格（Barbara Kruger）、罗兰·巴特（Roland Barthes）、米歇尔·福柯（Michel Foucault）等人对当代艺术理论的发展做出了重要的贡献。他们的理论既有批判性，也有建设性，既关注艺术的形式和美学，也关注艺术的社会和文化功能。

霍尔·福斯特是美国的艺术历史家、艺术批评家，也是普林斯顿大学的教授。他的作品主要关注现代主义和后现代主义艺术，以及艺术理论和文化研究。

福斯特是美国学术界对欧洲大陆理论的重要介绍者之一，他在艺术批评和艺术历史领域推动了批判理论和后结构主义的应用。他的许多著作都致力解析当代艺术的各种现象，包括装置艺术、表演艺术、新媒体艺术等。

罗塞琳·克劳斯是美国的艺术批评家、艺术历史家，哥伦比亚大学教授。她是20世纪重要的艺术理论家之一，对现代主义和后现代主义艺术产生了深远影响。

克劳斯的著作主要关注现代艺术和后现代艺术，特别是雕塑和摄影。她在艺术理论领域提出了"扩展的雕塑场域"的概念，为理解雕塑的发展提供了重要的理论工具。

朱迪思·巴特勒是美国的哲学家、性别研究学者，加利福尼亚大学伯克利分校教授。她的著作主要集中在性别理论、身体政治、权力理论等领域。

巴特勒的性别理论对当代艺术产生了深远影响。她提出性别是一种社会建构，这种观点对理解性别在当代艺术中的表现提供了重要的视角。她的理论启发了大量的艺术家以创新的方式探讨性别和身份的问题。

巴巴拉·克鲁格是美国的艺术家、设计师。她的作品主要以摄影和文字为媒介，强调社会政治批判。

克鲁格的艺术创作被视为后现代艺术的典范，特别是她的图像和文字结合的方式，对当代艺术产生了重大影响。克鲁格的作品经常反映出对权力、消费文化和性别的深度批判，她的创作方式和主题对许多当代艺术家产生了影响。

罗兰·巴特是法国的哲学家、语言学家、文化理论家，他是结构主义和后结构主义的重要人物。他的著作主要集中于语言学、文学批评、传媒理论等领域。

巴特的理论对当代艺术产生了深远影响。他的"作者死亡"理论对理解当代艺术中的创作者角色和观众角色提供了新的视角。此外，他的"解构"概念，即对文本进行批判性分析以揭示其内部矛盾，对许多艺术家和批评家提供了理论工具。

米歇尔·福柯是法国的哲学家、社会理论家，他是后现代主义和后结构主义的重要人物。福柯的著作主要关注知识、权力、性别、疯狂等主题。

福柯的理论对当代艺术产生了深远影响。他对权力和知识的批判性分析，以及他对社会建构的理论，都为理解当代艺术提供了重要的视角。福柯的许多概念，如"权力与知识""话语""身体政治"，都在当代艺术理论和实践中广泛使用。

（二）当代艺术理论的基本要点

当代艺术理论是一个广泛的学科，涉及多个领域，包括艺术史、美学、文化研究等，其主要任务是解析和理解当前的艺术实践和艺术制度。相关的当代艺术理论基本要点主要包括以下几方面内容：

一是艺术的定义和范围的突破与变化。传统观念中，艺术被定义为一种基于审美的创作活动，主要包括绘画、雕塑、音乐、舞蹈等。然而，在当代艺术中，艺术的定义和范围已经发生了重大的变化。与传统艺术理论强调艺术的形式纯粹性和高雅性相比，当代艺术理论更加开放和包容。

许多当代艺术作品跨越了传统的艺术类别，采用了新的媒介和形式，如行为艺术、装置艺术、数字艺术等。当代艺术还常常涉及社会、政治、文化等问题，强调艺术与现实生活的关联。

当代艺术理论还关注艺术的观念性，它认为艺术的本质不仅在于物质形式，更在于艺术家的创新思考和概念表达。这种观念性的强调促使艺术从物质形式转向观念表达，推动了艺术的多元化和多样化。

二是艺术的社会功能和政治功能的广泛发展与应用。艺术的社会功能主要体现在它可以反映社会的现实情况，提出问题，挑战既定的规则和价值观。这种社会功能使艺术成了一个重要的社会批判平台，能够引发公众对社会问题的关注和讨论。

艺术的政治功能主要体现在它可以揭示权力关系，批判权力的滥用，提倡公正和平等。在很多情况下，艺术作品会选择具有政治隐喻的主题，通过艺术的形式来表达对社会和政治现象的看法和态度。

当代艺术理论特别关注艺术的社会和政治功能。这与艺术从物质形式转向观念表达的趋势密切相关。在这个过程中，艺术不再仅仅是审美的享受，而是成为社会和政治批判的工具。

一方面，艺术被看作一种社会批判的工具，可以揭示和挑战权力关系、社会结构和意识形态。另一方面，艺术被认为是一种社会建构的方式，可以促进社区建设、身份认同和文化交流。

三是艺术的议题内容和内涵愈发丰富。当代艺术理论关注的议题内容和内涵非常广泛。在当代艺术理论中，艺术可以是关于身份、性别、种族、阶级、环境、科技等任何主题的探讨。这种广泛的议题内容和内涵使得艺术成了一个开放的平台，能够包容各种不同的观念和视角。

在当代艺术理论中，身体和性别是两个重要的议题。许多艺术家关注身体在社会和文化中的位置，探索身体与权力、身体与性别、身体与技术等问题。性别问题也是当代艺术的重要主题，许多艺术家致力于挑战性别规范和性别歧视，提倡性别平等和性别多元。

当代艺术理论还关注艺术作品的多义性和解读性。它认为艺术作品的意义不是固定的，而是由观众的阅读和解读产生的。这种多义性和解读性的强调促使艺术从单一表达转向多元交流，推动了艺术的互动性和参与性。

三、大众文化理论

（一）大众文化理论的兴起与发展

大众文化理论的起源可以追溯至 19 世纪，当时的工业革命、城市化和大众传媒的兴起引发了对大众文化现象的早期思考。然而，直到 20 世纪，大众文化理论才真正形成并发展。

20 世纪初，大众文化理论的早期发展可以概括为精英主义和民主主义的争论。其中精英主义者的代表人物有克莱门特·格林伯格和托马斯·斯特恩斯·艾略特（Thomas Stearns Eliot）等，他们认为大众文化是庸俗、低级和商业化的，与"高级"艺术形式相对立。

他们对大众文化持批判态度，因为他们认为大众文化降低了艺术和文化的品质，并且对社会有消极影响。如格林伯格在他的文章《伪装的套路》中，警告说大众文化通过提供便捷、舒适和享乐，使人们变得消极、被动和不思进取。

与精英主义者相对，民主主义者的代表人物是约翰·杜威（John Dewey）和瓦尔特·本迪克斯·舍恩弗利斯·本雅明（Walter Bendix Schoenflies Benjamin），他们则看到了大众文化中的创新和解放潜力。

他们认为，大众文化反映了普通人的生活经验，可以帮助人们理解和改变社会。例如，本雅明在他的文章《艺术作品在机械复制时代的地位》中，提出了大众文化中的艺术作品可以挑战传统的艺术机构，并促进民主的文化交流，甚至有效推动社会的发展。

20 世纪中期，兴起了文化研究，该研究领域专注于大众文化和日常生活中的权力关系，文化研究的兴起对大众文化理论产生了重大影响。文化研究领域专注于大众文化和日常生活中的权力关系。

其中的代表人物如理查德·霍格特（Richard Hoggart）和斯图亚特·霍尔（Stuart Hall）等学者开始研究大众文化如何与阶级、种族、性别等社会结构相互作用。他们将大众文化看作社会冲突的场所，也是个体身份建构的重要工具。

他们认为大众文化不仅仅是消费品，也是社会冲突的场所和个体身份建构的重要工具。例如，霍尔在他的"编码与解码"模型中，提出了观众不仅是大众文化的接收者，也是其制造者，他们可以根据自己的社会背景和个人经验，对大众文化的信息进行解读和再创造。

到了 20 世纪末，后现代理论家开始探讨大众文化和全球化的关系。他们关注媒介和技术如何改变我们的生活方式，以及消费文化如何塑造我们的身份和欲望。

其中的代表人物有让-弗朗索瓦·吕奥塔尔和弗雷德里克·詹姆森等，两人关注媒介和技术对大众文化的影响，以及大众文化在全球范围内的流动和变迁。他们认为，在全球化的背景下，大众文化成为连接不同地区和社区，传播新的思想和生活方式的重要手段。

进入 21 世纪，随着数字媒体和网络文化的兴起，大众文化理论再次发生变化，网络和社交媒体的兴起对大众文化理论产生了新的挑战和机遇。亨利·詹金斯（Henry Jenkins）和马歇尔·麦克卢汉（Marshall McLuhan）等学者开始关注大众文化在网络社会中的变化和影响，他们开始研究社交媒体、游戏、流行音乐等新的文化形式，以及这些形式如何影响社会、政治和身份认知。

他们认为，网络提供了新的大众文化生产和消费的平台，使得个人和社群能更加积极地参与大众文化的创造和传播。例如，詹金斯在他的《粉丝、博主和游戏者》中，讨论了网络如何促进大众文化的民主化，并提供了新的表达和交流的机会。

（二）大众文化理论对公共艺术设计的推动和影响

大众文化理论的发展和完善，同样对公共艺术设计产生了巨大的推动作用和发展影响，主要表现在以下三个方面：

一是大众文化理论为公共艺术提供了一个解读的视角，揭示了公共艺术的社会性和政治性。公共艺术不仅仅是展示在公共场所的艺术品，更是与大众进行交流和互动的平台，是社会和文化记忆的媒介，是城市空间和社区身份的标识。

公共艺术的制作和接收都是一种文化实践，受到社会结构（如阶级、种族和性别）和文化背景（如历史记忆、地方传统和全球流行）的影响。在这个过程中，大众不仅仅是艺术的观众，更是艺术的参与者和创作者，他们可以对公共艺术的意义进行解读，对公共艺术的形式和内容进行反馈，甚至参与公共艺术的创作和维护。例如，社区壁画就是一种涉及大众参与的公共艺术形式。社区成员可以共同设计和制作壁画，以表达他们的集体记忆、社区价值和文化身份。这样的壁画增加了社区的视觉吸引力，也提高了社区成员的文化自信和社区凝聚力。

二是大众文化理论影响了公共艺术设计的实践策略。大众文化理论鼓励艺术家从大众文化中寻找创作素材。这可以是日常生活的物品、地方的特色、流行的图像、媒体的符号等。通过将这些大众文化元素转化为艺术元素，艺术家可以打破艺术与生活、高艺术与大众文化的界限，吸引大众的注意，增强公共艺术的可接近性和互动性。

大众文化理论还鼓励艺术家关注大众的生活经验和文化需求。这包括他们的身份认同、社区关系、历史记忆、生活情感等。通过表达和呈现这些大众的文化经验，公共艺术可以更好地与大众产生共鸣，促进社区的文化发展，提高公众的生活质量。

例如，公共雕塑"无所畏惧的女孩"，就是一个通过大众文化元素表达社会议题的例子。这个雕塑描绘了一个小女孩在华尔街的"牛市"

雕塑前无畏地站立。它引用了大众文化的符号（小女孩和牛市），表达了对性别平等的呼吁。这个雕塑既引起了公众的广泛关注，也引发了关于性别、权力和公共空间的社会讨论。

三是大众文化理论为公共艺术设计的教育和批评提供了理论框架。大众文化理论强调了公共艺术的社会功能和影响。公共艺术不仅能提供美学享受，也能传递社会信息、激发公众情感、引发社会互动。因此，公共艺术设计师要有艺术创作的技能，也要有文化研究的知识、批判思考的能力、社会责任感。

在教育实践中，相关公共艺术设计教育者可以通过分析和评价各种公共艺术案例，训练学生的批判思维和创新能力。在批评实践中，可以通过分析公共艺术的制作过程、接收效果和社会反馈，评估公共艺术的成功和问题，推动公共艺术的改进和发展。例如，纽约的"高线公园"是一个集艺术、设计和社区参与于一身的公共艺术项目。它将废弃的铁路线改造成了一个开放的公共空间，展示了各种临时和永久的公共艺术作品。这个项目既增加了城市的绿色空间，也提供了公众的休闲和文化活动场所，吸引了全球的游客，促进了当地的经济和社区发展。

四、空间设计理论

（一）空间设计理论的发展

空间设计理论是一个跨学科的领域，涵盖建筑学、景观设计、室内设计、城市规划等多个学科，其主要着眼于空间的物理和感知特性，研究如何创造有助于人的活动和体验的空间。

空间设计理论既包括对空间的物理分析（如形状、比例、色彩、材质、光线等），也包括对空间的感知分析（如视觉、听觉、触觉等）。它关注空间的功能性和审美性，研究如何通过设计提高空间的使用效率和舒适度，还关注空间的社会性和文化性，研究如何通过设计表达社会价值和文化记忆。

空间设计理论的源头可以追溯到古代的建筑理论。古希腊的建筑师维特鲁威（Marcus Vitruvius Pollio）在他的著作《建筑十书》中，就提出了对建筑空间的分析和设计方法。他认为，一个好的建筑空间应该具有坚固性、实用性和美感。

到了现代，空间设计理论得到了发展和拓宽。进入 19 世纪，随着工业化和城市化的推进，建筑和设计开始关注更多的社会问题，如居住条件、工作环境、公共服务等。

工业革命的影响下，新的建筑材料和技术的出现，如钢铁和混凝土，开启了现代建筑设计的大门。此时，建筑师如约瑟夫·普列斯特勒（Joseph Paxton）在设计水晶宫时，通过引入大规模的预制构件和标准化部件，对空间设计理论做出了重要贡献。

19 世纪末，美国建筑师路易斯·沙利文（Louis Sullivan）提出了"形式追随功能"的理念，认为建筑设计应以其功能为指导，这一观点对 20 世纪现代主义建筑设计产生了深远影响。

进入 20 世纪，现代主义建筑师如莱·柯布西耶（Le Corbusier）提出了"建筑是冻结的音乐"的观念，认为建筑和空间设计应具有秩序、平衡和谐。此外，他的"五点建筑新理念"，如支柱、屋顶花园、自由立面、长窗户、自由平面等，也对空间设计理论产生了影响。

瓦尔特·本雅明在《巴黎的弧形廊》中分析了 19 世纪巴黎的商业空间，揭示了空间设计与商品消费、社会阶级、城市生活等的关系；雷·库鲁哈斯（Rem Koolhaas）在《纽约的狂欢》中阐述了建筑的空间逻辑，提出了"超级高楼"的设计理念；斯图亚特·霍尔（Stuart Hall）和亨利·列斐伏尔（Henri Lefebvre）则更加关注空间的感知和社会意义，他们认为，空间不仅是物理的，也是感知的和社会的；米歇尔·福柯（Michel Foucault）和大卫·哈维（David Harvey）则更加关注空间的权力和政治性，他们认为，空间设计是权力的表达和斗争的场所。

德国的包豪斯学派，包括沃尔特·格罗皮乌斯（Walter Gropius）和路德维希·密斯·凡·德·罗（Ludwig Mies Van Der Rohe）等人，强调功能性和材料的真实性，使建筑和设计更加注重实用和经济效益。

进入21世纪，随着数字技术的发展，空间设计理论也面临新的挑战和机遇。建筑师如扎哈·哈迪德（Zaha Hadid）和弗兰克·盖里（Frank Gehry）等人，他们的设计作品展现了流线状态、有机形态和动态结构，打破了传统的空间设计理念，为空间设计提供了新的想象。

随着环境问题的日益严重，建筑师和设计师开始关注可持续设计和绿色建筑，如诺曼·福斯特（Norman Foster）和布赖恩·麦克洛斯基（Brian MacKay-Lyons）等人，他们尝试采用新的材料、技术和设计策略，以减少建筑对环境的影响，这也是空间设计理论的新方向。

（二）空间设计理论对公共艺术设计的影响

不断丰富和完善的空间设计理论，也对公共艺术设计产生了巨大的影响和发展推动。

一是有效增强了公共空间的功能性。空间设计理论强调了空间与功能的紧密关联。在公共艺术设计中，这一效果更加显著。

如英国伦敦的泰特现代美术馆的塔宾画廊，其设计师托马斯·赫尔佐格（Thomas Herzog）和皮埃尔·德梅隆（Pierrede Meuron）将一个旧电力站改造成一个现代艺术馆，保留了原有建筑的特征，也满足了公众参观艺术展览的需求。

二是有效促进了公共艺术与环境的融合。空间设计理论强调了建筑与其周围环境的交互，这一思想在公共艺术设计中也得到了体现。如林璎设计的越战纪念碑，通过地形的抽象表达，将艺术作品与环境完美地融合在一起，使公众能够在互动中体验到艺术的魅力。

三是提供了新的艺术表达手段。随着技术的发展，空间设计理论也在不断推动公共艺术设计的创新。如美国艺术家珍妮特·艾克曼（Janet

Echelman）的大型网状雕塑作品，利用了最新的数字设计和工程技术，创造出一个充满动态美感的公共艺术作品，为公众提供了一个全新的观赏和互动体验。

四是推动了公共艺术设计的可持续发展。空间设计理论的可持续设计观念也影响了公共艺术设计。如丹麦艺术家奥拉维尔·埃利亚松（Olafur Eliasson）的"纽约城市水瀑布"项目，就是利用纽约的水域和桥梁创造出壮观的水瀑布景观，不仅有效展示了艺术的创新，也倡导了环保的理念，激发了公众的环保意识。

第二节　公共艺术设计的观念及其呈现

公共艺术设计领域所设计的观念，主要包括公共观念、场所精神、大众审美和城市文化等。以下分别从不同角度来分析公共艺术设计的观念和具体的呈现。

一、公共观念及其呈现

公共观念在公共艺术设计中呈现，主要是指艺术作品以公共的方式存在和表达，旨在创造和推动社区的公众互动、公众参与和公众对话。这个观念的实质是认为艺术应该是开放的、包容的、让所有人都能接触到和理解的。

（一）公共观念的发展变化

公共观念在公共艺术形成与发展的过程中是核心概念，但其内涵并非一成不变。通过古代至现代，公共观念的转变与发展，可以明显看出这种变迁过程。

谈及公共艺术作品，最易想到的就是古希腊、古埃及、中国古代的各种艺术作品，包括秦始皇陵兵马俑、古埃及狮身人面像、古希腊帕特农神庙等，可以说在古代公共艺术主要用于展示皇权或宗教权威，这些都是为特权阶层服务的艺术作品。这些作品彰显了特权阶层的权威和地位，其公共性主要表现在为大众提供膜拜的对象和形象。

公众的审美意识和需求开始被尊重和满足。这个时期的公共观念以公民意识为基础，体现在艺术家开始创作能反映社会生活、表达公众情感和想法的艺术作品。

从 18 世纪到 20 世纪，艺术形式的多元化为公众提供了丰富的审美体验。此阶段浪漫主义、现实主义、立体主义、未来主义、抽象表现主义等艺术形式得到了大幅度发展，这些艺术形式为公众的审美体验提供了可能。这期间，尽管抽象艺术被批评为"过度精英化"，但是它确实推动了审美公共性的发展。

（二）公共观念的呈现

公共艺术在展现过程中，通常受到各方面的影响。艺术家的创作冲动、出资方的意愿、公众的期待以及政治意识形态，都可能在公共艺术的呈现中产生影响。公共观念的呈现通常会出现以下三种表现形式：

一是当政治意识形态或出资方意志占主导地位时，艺术家的个人风格和公众的诉求常常被搁置，这种情况下的公共艺术作品通常会带有强烈的象征性。它们通常代表国家或某个区域或某个企业的价值观，扮演了一个标志或纪念物的角色。

二是艺术家的风格或声望占主导地位时，此情况通常出现在艺术家的名声和声望已经广泛被公众认可之后，在这种情况下，艺术家的作品可能会直接从美术馆被转移到公共空间，而出资方和公众的角色在这一过程中相对被削弱。

20 世纪 70 年代和 20 世纪 80 年代，许多著名的现代主义艺术家，如巴伯罗·路易斯·毕加索（Pablo Ruiz Picasso）、亚历山大·考尔德（Alexander Calder）和亨利·斯宾赛·摩尔（Henry Spencer Moore）的作品就被广泛地安置在城市的公共环境中。这些艺术作品的公共展示通常有两个主要目的：一是让更多的公众能够接触到高水平的艺术作品，提升公众的审美素养；二是利用这些艺术大师的声望和影响力，提升城市的文化氛围和形象。

三是出资方、艺术家和公众之间形成了意识平衡，在这种情况下，艺术家会尽可能地推陈出新，同时考虑到公众的审美需求和感受；出资方则起到沟通和组织的作用，而非强加自己的审美观或政治意识形态；公众不仅仅是观众，他们也可能参与公共艺术的创作和互动过程。这是一种较为理想的公共观念呈现状态。

美国波普艺术家克莱斯·奥登伯格（Claes Oldenburg）就以富有幽默的方式改造了日常生活的物体，从而使自己的作品既具有创新性，又贴近公众的日常生活，使公众能够轻易地理解和接受。

艺术家约姆·普朗萨（Jaume Plensa）设计的《皇冠喷泉》，这件作品以公众的笑脸作为主题，鼓励公众参与和互动，同时体现出艺术家和出资方的开放和包容态度。

公共观念在呈现过程中，涉及多方面的矛盾。艺术家的创作冲动、出资方的意愿、公众的期待以及政治意识形态，都可能对公共艺术的表现形式产生影响。在理想情况下，这些不同的因素能够达到一种平衡，使得公共艺术既能表达艺术家的创作倾向，又能满足公众的审美诉求，同时符合出资方和政治的要求。

然而，在现实情况下，这种平衡往往很难实现，公共艺术的呈现往往会偏向某一方或某些方面。因此，如何在这种复杂的情境中创作出有价值、有意义的公共艺术，是公共艺术家和策展人需要面临的重要挑战。

二、场所精神及其呈现

场所精神是一个跨学科的概念，主要涵盖地理学、人类学、心理学、城市规划和设计等领域。它通常被理解为人们对某个具体地点的认识、感觉和连接，包括对这个地方的历史、文化、环境和社区的理解和评价。场所精神是通过人们与特定地点的长期交互，由多方面的感知、体验和记忆共同构建出来的。

（一）场所精神的发展变化

1. 场所精神的概念变迁

场所精神源于古罗马"地方保护神"的观念。人和场所都会受到它的保护。截至 20 世纪 70 年代，诺伯 – 舒兹（Christian Norberg–Schulz）受胡塞尔现象学的影响，他在《场所精神：迈向建筑现象学》中阐述"场所"的概念，认为场所是一个整体，这个整体环境既是场所的本质，又是多样化的物质所组织的一个整体。他认为场所精神对城市发展起到非常重要的作用。

诺氏"场所精神"认为，"场所"是空间，更是"土地"和"脉络"，这些现象组成一个完整的世界。他认为城市地表构筑物背后隐含丰富的人文精神和文脉，其中最重要的关系，即人与空间的密切关系。

诺氏和海德格尔不谋而合，对上述的观点基本一致。人和生存环境之间的关系，如同水和鱼、动植物与太阳和空气等之间的关系，同时指出人在改造环境时，是主动适应环境，有超越客观而发挥想象的能力，从而有了适宜的环境和诗意地栖居，从这个角度看，建筑环境和建筑设计有了更深层次的意味。

当然，社会中的人，有个性、共性和创造力，"场所精神"的核心也是人，只有人在追求个性化、"认同感"的建筑设计和公共艺术创造中，才能实现"场所精神"的现实意义，因此，众多建筑师与城市发展存在密切关系。良好的设计，包括公共艺术在内的设计，不仅要体现它与建筑环境之间取得协调，更要注重空间里精神含量。采用多样的艺术表现手法是必须的，甚至可以夸张、象征、隐喻等，营造一种适合当地文化属性的氛围，这样的公共艺术设计就会给人以力量，让生活在这里的人们获得一种方向感和认同感。

2. 场所精神的内涵丰富过程

场所精神的内涵，其实在 20 世纪 50 年代和 60 年代就已经被发掘，随着人文地理学的崛起，地理学者开始关注人们与地方的情感连接，这促使了场所精神理论的初步形成。在这个阶段，场所精神主要被看作人们对生活环境的主观感受和认知。

进入 20 世纪 70 年代和 80 年代，场所精神的研究开始涉及社会文化层面。人类学家、文化地理学者和城市规划者开始探索社区、文化和历史等因素如何影响人们对地方的感知和认同。此时的场所精神理论开始关注人们如何通过地方的生活经验，构建社会身份和文化认同。

到了 20 世纪 90 年代和 21 世纪初，随着环境心理学、地方建筑和景观设计等新兴领域的发展，场所精神理论被拓展和深化。研究者开始从多学科角度探讨人们如何通过感知和体验，与特定的物理环境建立深厚的感情联系，形成对地方的深刻理解和评价。

早期的场所精神理论主要关注人们对地方的主观感受和认知，强调的是人与地方的一种心理和感知联系。随着研究的深入，学者们逐渐意识到，场所精神不仅包括个体的感知和体验，还与社会、文化、历史等更广泛的因素紧密相连。现代的场所精神理论已经发展成为一个综合性的概念，它不仅涵盖人与地方的心理和感知连接，还包括人与地方的社会和文化联系，以及人与地方的历史和环境联系。这些不同的维度共同构成了一个完整的场所精神概念，反映了人们对地方的全面理解和评价。

这种对场所精神概念的深化和拓展，可以全面、深刻地理解人与地方的关系，更有效地应用场所精神理论来解释与指导实践，如城市规划和设计、地方建筑和景观设计、社区发展和保护等方面。

（二）公共艺术设计中场所精神的呈现

公共艺术需要明确的感知场所精神，让人们身临其境从中感受到它，将它融入公共艺术作品时，人们就会认定这种"场所"并从中获得认同感和归属感。

20世纪60年代在世界范围内出现了大地艺术，这些艺术家们喜欢把艺术融入自然场所，从环境、场所和过程结合的实践出发，对公共艺术设计产生了重要的影响。很多艺术家的初衷是在公共艺术和观众之间建立沟通关系，所以，自然场所是这些艺术家创作灵感的主要来源。他们通过艺术实践，大胆尝试公共艺术的植入方式，并将共空间作为活动的主要场所，在自然环境中为受众搭建交流的平台，这种公共艺术与受众交流尝试成了后来人们和公共艺术交流的主要场所。

大地艺术家克里斯托和让－娜·克劳德夫妇的《包裹德国国会大厦》《包裹岛屿》《包裹海岸》等一系列作品，均从大自然中获得灵感，对场所精神进行艺术表达，这种独特的诠释加深了人们对公共艺术的理解。

在《包裹德国国会大厦》这件公共艺术作品中，让－娜·克劳德夫妇重点通过改变建筑物外观的方式阐释场所精神，具有强烈的政治意味，引发了观众对德国历史和国会建筑的深思。像这样非纯粹装饰的艺术处理，旨在探讨场所的历史、功能和象征意义。

《包裹海岸》呈现的是人类面对自然时的狂想和诗意，《包裹德国国会大厦》充满了政治意味，场所精神的差异让"包裹"行为呈现出迥然不同的视觉效果和文化内涵。

美国波普艺术家克莱斯·奥登伯格的作品《最后一匹马的纪念碑》也充分展示了公共艺术中场所精神的力量。当这件作品在纽约的西格拉姆大厦广场展出时，它与周围的环境产生了鲜明对比，形成了一种矛盾的审美体验；然而，当这件作品被移至得克萨斯州后，它与当地的环境和文化完美地融为一体，产生了共鸣，这件作品不再只是一个装饰品，而是成了一座地方文化的纪念碑，反映了公共艺术作品在特定场所内能够发挥的独特价值。

艺术作品需要融入特定的环境和文化，借由场所精神来形成独特的视觉效果和文化内涵，同时也强化了作品的公共性质，使其成为人们生活的一部分。公共艺术不再是孤立的艺术创作，而是以场所为基础，构建与观众之间的连接，激发出属于这个场所的独特价值和意义。

为了实现这种呈现方式，公共艺术设计需要充分考虑和利用场所的历史、文化和环境特性。艺术家需要深入了解和研究场所，才能创作出真正符合场所精神的作品。在设计过程中，应保护和尊重场所的原有特质，避免破坏或忽视场所的独特性。

三、大众审美及其呈现

（一）大众审美的发展变化

大众审美是大众文化的重要组成部分，是指大众对美的感知和理解，表现为大众对于美的普遍性追求和接受。大众审美的形成与大众文化的发展密切相关，是现代社会发展的产物。

大众文化，也被称为流行文化，源于工业社会和现代大众传媒的兴起。这种文化现象主要指流行音乐、电影、电视节目、网络文化、广告、漫画、时尚、风俗习惯等日常生活中广泛流传并受到大众喜爱的文化现象。

在工业革命后的社会，大规模的生产和消费方式催生了大众文化。随着技术的发展，特别是大众传媒的广泛使用，如报纸、电影、电视、互联网等，大众文化开始快速传播并在社会中取得重要地位。

大众文化的发展并不是一帆风顺的。早在20世纪中叶，许多批评家开始质疑大众文化的价值，认为它是商业化和消费文化的产物，缺乏深度和批判性。然而，大众文化的影响力和普及程度越来越高，使其成为现代生活的重要组成部分。

大众审美的兴起是与现代大众传媒的发展和大众文化的普及密切相关的。大众传媒的广泛使用使大众能够接触到各种各样的文化产品，包括音乐、电影、电视节目、广告等，这些文化产品的设计和制作往往要迎合大众的审美趣味，以吸引更多的观众或消费者。

随着技术的发展和生活节奏的加快，大众审美在不断变化。从早期的简单美学观念，到现代的多元化、个性化的审美观，大众审美反映了社会的变化和进步。

（二）公共艺术设计中大众审美的呈现

随着大众文化的兴起，社会掀起了一次文化转型。在此推动下公共艺术开始关注和参与现实生活、社会意识和大众文化。在此社会背景下公共艺术家不能只在乎个人的激情、灵感和自我意识张扬，重要的是要面对大多数公众的意愿。在这种创作观念中，艺术家把个人审美强加给公众的做法得不到受众的认可，合理的做法是公共艺术家的创作结合大众审美实际需要是必然的要求。如何在公共艺术中展现艺术家个人风格虽然是一个客观现实问题，但是，它与大众审美要求相比就处于次要地位，主要体现在以下几个方面：公共艺术设计的创作主题、创作过程、创作形式和作品功能与大众审美的契合。

通常，公共艺术设计的创作主题取决于其所在的环境和社区，这些主题可能包括历史、文化、社会问题或者自然环境等。艺术家尤金·贝尔曼（Eugene Berman）在美国纽约的林肯中心创作的雕塑《颂歌》就是一个典型例子，该雕塑以音乐为主题，代表了林肯中心作为艺术和文化中心的重要性。

公共艺术设计家的创作涉及多方的参与者。

美国艺术家理查德·拜耳（Richard Beyer）创作的《一群等车的人》出奇制胜，作品的整体创作采用了参与模式，即作品由五个真人大小、正在等车的人物塑像构成，由于贴近人们的日常生活，很多人对其产生了互动和交流，并衍生出各种生活故事，这件作品成了当地人们生活的一部分，很受民众的欢迎。

公共艺术家在充分考虑大众需求时，深入思考和实践探究功能转化。例如现代大多数建筑师们尝试打通审美与实用、趣味与功能的边界，公共艺术设计实现了美化环境、提高公共空间的使用价值、传达信息或者激发公众等方面的转化，对社会问题思考值得关注。

解构主义建筑师弗兰克·盖里（Frank Owen Gehry）的毕尔巴鄂古根海姆博物馆，外观像移速船，造型上由不规则曲线和钛金属特殊材料组成，与毕尔巴鄂造船业遥相呼应。在功能上是美术馆，但对城市的公众而言，影响力远远超过美术馆。

艺术家们习惯于设计方式关注公共需求，尊重现实社会。上述的设计细微处都与大众日常生活紧密联系在一起，从而有效呈现出大众审美追求。

四、城市文化及其呈现

（一）城市文化的发展变化

城市文化的诞生和发展是人类文明进程中的一部分。它是人类对自然环境的适应，对社会和经济发展的反映，以及对科技进步的响应的产物。

城市文化的诞生可以追溯到公元前 4000 年，当时人类社会的生活方式从游牧转变为农耕。人们开始在固定的地点集聚居住，形成了最早的城市。这些城市的出现带动了手工业和贸易的发展，也孕育了早期的城市文化。例如，在古代埃及的尼罗河谷，人们建立起了大型的宗教建筑和纪念碑，这是古代城市文化的一个重要组成部分。

在古代希腊和罗马时期，城市文化得到了进一步发展。这些古典城市不仅是经济和政治的中心，也是艺术和学术的重要场所。古代雅典的公民大会、哲学学院和剧院，古罗马的竞技场和公共浴池等都是城市文化的重要载体。

中世纪，欧洲的城市文化发生了变化。由于封建制度的影响，城市的规模缩小，城市生活的重心转向了教会和贵族的城堡。然而，在晚期的文艺复兴时期，城市文化再次焕发活力。意大利的佛罗伦萨等城市成了艺术和科学的繁荣中心。

现代城市文化的形成始于 19 世纪的工业革命。工厂和铁路的出现改变了城市的面貌，吸引了大量的农民涌入城市，形成了新的城市社区和新的城市生活方式。同时，现代科技如电影和电视等为城市文化的传播提供了新的途径。

进入 21 世纪，城市文化进一步发展，成为全球化和多元化的重要场所。城市成了人们生活、工作、娱乐和学习的综合空间，也是多种文化交流和融合的重要载体。

（二）公共艺术设计中城市文化的呈现

以城市为主的公共艺术设计不然脱离不开城市文化。因此公共艺术的创作内容需要贴近城市生活动态，展现城市文化特征。例如，杭州中山路改造项目，它以南宋旧都的御街风貌为核心，连接杭州文人情怀和市井文化。杭州中山路灰砖黛瓦的传统建筑设计，是为普通市民塑造生活群像。这些公共艺术作品通过城市文化主题和特点，更好地建立了公共艺术作品和公众的沟通。又如，阿根廷艺术家莱安德罗·埃利希（Leandro Erlich）创作的《石库门》通过贴近上海人的生活情景表现当地人的文化，他用巨大的镜子将上海特色的石库门建筑的外立面颠倒翻转，让观众在参与体验中制造出独特的视觉效果。

公共艺术设计将城市文化作为创作资源外，还会将各种城市文化符号运用到作品的创作和设计中。公共艺术反映已有的城市文化并参与塑造新的城市文化形象。

1996 年，北川弗兰尝试用艺术节的方式重塑地方精神。日本大地艺术节就是其中的一例。新潟县是日本传统农耕村镇，年轻人大批量离开，该地老龄化严重。艺术节召集了来自数十个国家的数百名艺术家来此设计公共艺术作品，一方面吸引了大量游客，给该地增加了一定的收入，另一方面给当地的文化注入新的活力，新渴逐渐蜕变为极为重要的文化小城。

第三节　公共艺术设计的美学意蕴

公共艺术发展过程中，审美公共性无法顺畅地实现，这主要是因为艺术家的观念和艺术语言与大众审美化追求存在着明显的差距。

从本质上看，公共艺术是艺术家观念表达的艺术物化外在表现，在公众参与公共艺术外在表现中所获得的审美知觉，是艺术家按照美的规律来创造的美，能激起公众对作品产生兴趣和美感。但是，这个过程是相当复杂的，就艺术家创作而言，如何实现审美公共性是公共艺术家首要考虑的问题，其次是如何通过审美实现观众对作品形成内在的视知觉体验。

一般情况下，观众体验的实现需要超越功利性，推动公众能够积极主动参与公共艺术设计和创作，这时公众与公共艺术作品、与公共空间、与场域形成关系之后产生第二次创作，才算真正意义上完成了作品的创作，此时作品中蕴含的美学意蕴才能够被观众正确理解。

公共艺术设计所涉及的美学意蕴，主要包括公共艺术的感性之美、公共艺术中的人性复归和公共艺术中的审美规律。具体内容可参照图5-1。

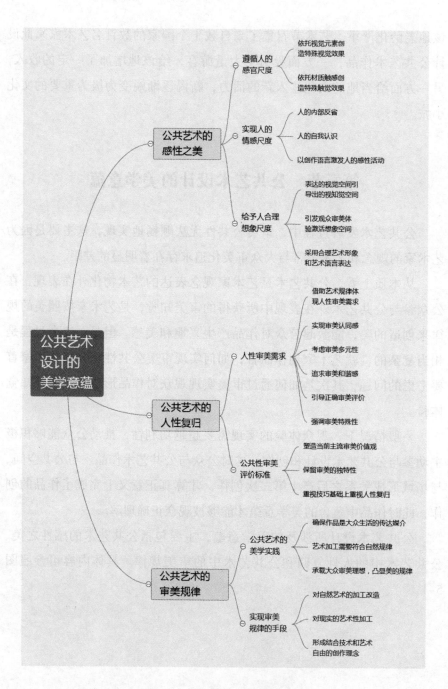

图 5-1　公共艺术设计的美学意蕴

一、公共艺术的感性之美

人对美的视知觉理解中，美主要是通过感性的、直观的手段形成体会，而这些因素主要依托人的感性活动来实现。其中，公共艺术的审美及审美交流，即艺术作品和观众之间互动所带来的审美体验。公共艺术的感性之美，需要从以下三个角度来实现。

（一）遵循人的感官尺度

人的感性表层内涵是一种认知机能，是由外在感官形成的观念，从客观意义说，它是对自然世界中物象的一种感知。通常任何视觉对象与自然现象的美学意蕴都无法被人直接感知。公共艺术设计的美学表现是一种综合的体验，需要艺术家全面考虑人类的感官尺度。

感官尺度指的是人们对外部世界的直接感知和理解的能力。艺术设计中，视触觉尤为重要。遵循人的感官尺度，不仅仅是考虑观众如何感知和理解艺术作品，更关键的是考虑如何创造一种能够引发观众情感反应的感官体验。只有当艺术作品能够引发观众的情感反应，才能真正实现艺术的价值。

视觉是人类获取外部信息重要的感官之一。在公共艺术设计中，视觉体验的重要性不言而喻。艺术家通过视觉元素（如色彩、形状、线条、纹理等）创造出引人入胜的视觉效果，从而吸引观众的注意力，引导他们进一步去理解和欣赏作品。这就需要艺术家有深厚的视觉艺术素养，能够熟练掌握和运用视觉元素，创造出视觉上引人入胜的艺术作品。

触觉是人类与外部世界建立直接联系的重要方式。在公共艺术设计中，触觉体验同样重要。触摸艺术作品，可以让观众直接感知作品的物质质地，更加直观地理解作品的实质含义。因此，艺术家在设计作品时，需要充分考虑作品的触觉效果，如选择适合的材料，考虑作品的触摸安全性等。

遵循人的感官尺度不仅仅是考虑观众如何感知艺术作品，更重要的是考虑如何通过艺术作品引发观众的情感反应。艺术不仅是视触觉的享受，也是情感深层体验。艺术家通过艺术作品传达自己的情感，引发观众的共鸣。因此，艺术家在设计作品时，需要深入了解观众的情感需求，从观众的角度出发，创作出能够触动观众情感的作品。

遵循人的感官尺度是公共艺术设计的核心原则。艺术家需要有深厚的艺术素养，能够熟练掌握和运用视觉和触觉元素，创造出引人入胜的艺术作品。同时，艺术家需要深入了解观众的情感需求，从观众的角度出发，创作出能够触动观众情感的作品，以此实现的艺术价值，给观众带来深刻的感官和情感体验。

（二）实现人的情感尺度

公共艺术的作品是在公共场域中呈现的艺术形式，为了实现其全面的价值，不能仅仅遵循"感官尺度"，而是应该超越这种感官尺度，进一步实现人的"情感尺度"。

勒内·笛卡尔（Rene Descartes）曾在他的唯理论中指出："认为感觉不可靠，但也不否认感觉对人生存活动的意义。"他受到中世纪哲学家托马斯·阿奎那（Thomas Aquinas）的影响，将人的感觉分外感觉（视觉、听觉、嗅觉和触觉）、内感觉（欲求和情绪）。这两种感觉在公共艺术中都起着重要的作用，尤其是情感尺度，它不仅来源于感觉，更多地来源于人的内部反省和自我认识。

公共艺术具有特定的场域，艺术家在创作时不仅需要考虑艺术作品本身的语言表达，还需要考虑作品所在的环境，这两者共同作用于艺术作品的审美。这种审美体验因个体的视知觉差异而不同，很难实现艺术作品的统一审美情感表达。如乌尔里希·贝克（Ulrich Beck）所述："艺术世界是由所有这样的人所构成的，他们的活动对于这个或其他世界规定为具有艺术特征的作品之生产是不可或缺的。"因此，一件作品的完成需要各成员之间的协调和配合，通过共同实践探索最终完成产品。

在公共艺术中，这种惯例性理解表现为艺术家和观者之间的审美视知觉体验，包括艺术品的创作语言和抽象概念的表达。通过这种方式，艺术家和观者共享在社会生活中积累的体验和思考，实现观者的欲求和情感。这种情感的"共鸣"使公共艺术的呈现获得人的感性活动的价值。

伊曼努尔·康德在《纯粹理性批判》中写道："通过我们被对象刺激的方式来获得表象的这种能力（接受能力），就叫感性。"这里的感性不仅包括视觉对感官产生的感觉和从感觉中获得感性思维，还包括被迫地整理和接受感性对象。这种从客观呈现到主观接受的过程是公共艺术中不可忽视的部分。

公共艺术作品的审美叙事解读应抛开对物化所形成的先验理论，很多艺术作品的外在形象表达会与现实物化有很大差别。例如，我们在公共场合看到公共艺术作品，可能与现实中的物品的实际尺寸、材料等相似，但不对等，主要是根据环境进行合理设计，不是对事物的机械模仿。

公共艺术对后现代艺术创作手法多与观念等借用，这就有了公共艺术的参与性，使艺术审美叙事语言不再仅仅是视觉上的享受，诱导观者知觉体验。克莱夫·贝尔（Clive Bell）倡导"一切有意味的形式"，在公共艺术作品的"有意味的形式"都发生在参与性与艺术审美视知觉体验中。

（三）给予人合理的想象尺度

公共艺术是在公共空间中创作并展示的艺术形式，它的价值不仅在于其视觉效果，还在于它对人的情感的触动。然而，仅仅满足这两个条件还不足以描述公共艺术的全面价值，公共艺术还需要给人提供合理的"想象尺度"。这是因为艺术不仅是感官和情感的体验，也是想象和思考的过程。

感性活动是人体验艺术的基础，它涉及人对艺术作品的直接感受、断、审视，甚至记忆和思考。然而，这个复杂的过程还包括一种更高层次的认知活动，即想象。想象是一种观念形式的创造，它不仅包含艺术家在作品中表达的视觉空间，还包括艺术作品引导观众视知觉的空间。这种想象尺度是艺术作品对人认知活动的深层次影响。

公共艺术的另一个特征是公众的参与。由于大多数公众缺少艺术实践的经验，他们对艺术的理解和创造力可能不如艺术家成熟。因此，公共艺术作品所阐释主题、文化内涵以及对社会问题等，如果没有恰当的形式和语境，就达不到预期的效果。公众理想的精神需求当然离不开合理尺度，这对艺术家的创作就是一个挑战，艺术家创作当然要自由，但是，这种自由是相对的，是艺术家在追求艺术表达的过程中寻求的一种内在的解放。在公共艺术的创作和观赏中，观众的审美体验在他们内心中产生的想象空间，就像艺术家追求的那种自由。

按照康德艺术美合目的性与合规律性的观点，艺术家创作时的观念再构如上所述，并非单一对艺术作品美学意境的把握，落脚点还是如何通过艺术形象和艺术语言表达出群众喜爱的接受方式、常见的美学叙事是否与观众的视知觉产生深度的体验。因此，公共艺术的创作考虑的不单单是公众，也要考虑艺术家自身的创作自由和想象，否则，在精神空间和物理空间之间切换与交融中很难两全其美。

公共艺术作品的创作和展示，不仅是一种视觉和感性的呈现，也是一种引导公众进行想象和思考的活动。通过为公众提供合理的想象尺度，可以将公共艺术的价值提升到更高的层次。因此，创作者需要在设计公共艺术作品时，考虑到公众的感性体验和情感反应，同时要提供足够的想象空间，让公众能够在艺术作品中找到自我，体验到艺术的真正价值。

二、公共艺术中的人性复归

公共艺术设计的美学意蕴，所追求的美应该是人性之美，即需要艺术家回归艺术本身，并抛开艺术创作技巧、艺术语言，使公共空间、观众纷纷介入创作，以便理解艺术的美学内涵，从而获取人性复归。

（一）公共艺术中人性审美需求

公共艺术作为公共空间中的公众参与性艺术，具有显著的公共性审美需求。这些需求源于艺术的政策和制度，也源于艺术的规律和本质。在人性复归的过程中，公共性审美需求主要体现在认同、多元性、和谐等方面。

公共艺术通过公众的参与，如何体现创造性一致，是艺术家面临思考的问题。创造要对过去不好的东西进行否定和批判，但不是全部抛弃。在考虑这些的基础上要考虑它的可能性，怎样超越已有的成果，怎样超越个人取得的成功经验，可以是失败的尝试，但不能束缚在一个僵化圈子里。

公共性审美需求需要实现审美的认同。公共艺术作为公共空间的一部分，直接影响着公众的日常生活。公众需要看到在艺术作品中反映出他们的生活、他们的文化和他们的价值观。这种认同感使得艺术作品不再是一个孤立的存在，而是成了社会生活的一部分，成了人们对生活的思考和对世界的理解的一种方式。

公共性审美需求要考虑审美的多元性。由于公共空间中存在着不同的文化、年龄、性别等，这些不同的因素都会影响到公众的审美观。因此，公共艺术需要考虑到这种多元性，尽可能地满足不同公众的审美需求，让每个人都能从艺术作品中找到自己的审美体验。

公共性审美需求追求的是一种新的审美和谐。公共艺术在公共空间中的存在，不只是为了装饰空间，更是为了创造一种和谐的环境。这种和谐是一种包容性的和谐，是一种既尊重个体差异又追求共同体理想的和谐。

从审美对象出发，对所有的人来说，公共艺术的"新"在于公共空间所展现出的审美的普遍性和经验性，为个体的人提供不同的想象性和可能性，是审美经验的满足和自由想象的理性与感性统一。实现个体审美的多元性满足，获得快感的美的理想体验，是人们追求的幸福理想。

公共性审美评价是公共艺术面临的一个重要问题。它不仅需要评价艺术作品的审美质量，还需要评价艺术作品对公众的影响、对社区的改变。公共性审美评价不是单纯看它给受众的精神满足，还考量人与存在物质材料及其艺术形式之间的审美评价。

艺术家按照美的规律通过对客体物质状态进行想象，通过艺术表达的方式创造出符合公众审美的作品。公共艺术设计牵涉到材料、艺术表现形式、审美趣味、价值取向等多种关系，但围绕人的需求是不变的，为人进行的空间改造也是一种趋势。因此，相对稳定的城市下的公共艺术作品只存在一个阶段，当它不被公众认可的情况下，公共艺术的内容和形式就会面临改造和改良。当然，这些改造随人们的审美变化而变化，有时候是艺术家的观念先于大众消费需求，有时候滞后于它，这就需要艺术家和大众之间平衡这种关系。

公共艺术还有一个社会政治作用，需要艺术家和他的创作来实现，主要通过作品的审美形式完成这个功能。公共艺术家努力探索属于自己自由创作的精神追求，因此，每件作品中的审美价值既有创作背后的多年积淀，也有艺术自身存在的艺术价值，更多的是作品本身蕴含的时代精神和价值。公共性审美价值是公共艺术的价值体现。无论是哪种公共艺术，艺术审美价值都体现在艺术作品的美感上，社会价值通过作品对社会影响来实现，而精神价值靠大众在体验公共艺术活动中反映出来。社会价值体现在艺术作品对社会的影响上，而精神价值体现在艺术作品对公众精神世界的丰富和提升上。

从审美价值看公共艺术，审美的普遍性所体现的是一种超越式审美，个体的审美特殊性是一种审美理想。公共艺术需要公众参与，它遵从超越式审美。

审美存在另一种非超越的审美价值，即强调审美的特殊性，需要充分发挥公共艺术的主观能动性，以其自身引导作品的创作语言，确保其创作手法符合先验艺术作品的构思观念。

（二）公共艺术人性复归过程中公共性审美评价标准的建立

公共艺术作品在人性复归的过程中探寻"公共性"的审美评价标准。这个标准是将个体和社会连接在一起的关键因素，它并不能完全依赖于当前人类社会的发展，而是需要以宏观的视角，回顾历史，展望未来，从整体发展的角度去形成评判审美价值的准则。

公共艺术作品要肩负起塑造当前主流审美价值观的任务。这就需要公共艺术家从经典作品中寻找超越已有审美标准的途径，或通过艺术材料，或通过创作手法，或两者都有所考虑，以新的公共艺术作品体现审美价值观和艺术追求。

公共艺术设计依赖公共环境空间，它为公众服务。由于审美的个性化特征，公共艺术作品在功能性上就决定了它的目的和受众对象，不可能满足所有人的认同。同样在某个时期，一个相对主流的公共艺术风格样式受到社会大多数人青睐，这并不代表是未来公共艺术设计的方向，因为公众的审美情趣不是一个层次，但它有个底线，或者说有个基调。同样是出自某个设计师之手的公共艺术作品，在"公众趣味"的变化需求中，其作品也会为"公众审美"而发生变化。

实际上公共艺术设计的内在动力主要在艺术家，其次是外在的多种因素的驱使，这就使公共艺术与大众审美的关系是在交互的过程中得以实现。例如，某个城市的公共艺术景观设计，大众审美是客观存在的，若没有艺术家对该城市的思考，所设计出来的作品根本不可能体现大众审美的口味，这种设计就失去了大众精神。

从艺术作品教化大众看，只有设计出能打动公众的作品，才能提升大众审美层次。以大众审美为依托的公共艺术设计，对象感鲜明，所体现的精神和价值追求导向性明确，艺术家的个性也许受到限制，但是，在传承艺术教化功能上有所体现，这也是艺术家的责任。一些新潮艺术家出现时吸引人的眼球，是因为当人们看到这些艺术作品时，从中感悟和获得了艺术家要表现的价值和精神，还有作品本身的格调和文化品位。正如袁运甫先生所说，"我们必须考虑到如何适应大多数市民对待艺术的基本态度和理想追求，并正确地导向更具崇高精神意义的文化境界，它和纯粹个人艺术喜爱不同"。

"公共艺术"是一个特殊的艺术形式，这是由其社会属性所决定的。而公共性的审美问题属于美学范畴，这是因为它与公共艺术家、策展人、公众等多个方面的人有关系，它的出现需要的是参与人给它的态度：或褒扬，或批判，或质疑，或讽刺，或嘲笑，或调侃，或启示，等等。这些态度都是来自公众对公共艺术的态度，属于精神层面的审美判断。

若从哲学角度看，公共艺术审美是由主观和客观共同参与完成。大众的主观需求体现为公共艺术的共性，审美是大众主观审美情趣的客观表现。主观的审美因个体的认识改变而变化，公众化的审美是大众共同的心理评判诉求。公共艺术设计的起点和终点都是公共大众，公共艺术设计要满足公共大众的生理和心理要求、物质和精神需要。

公共性审美已经将感性、理性和人性统一起来。这就要求在公共艺术的创作和评价过程中，不仅要重视形式和技巧，更要重视艺术作品在人性复归过程中的价值和意义。

三、公共艺术中的审美规律

对于人类而言，自文明诞生以来就一直对美保持着追问和反思，即期望获得美的规律，因此才拥有了各种丰富的审美艺术活动。公共艺术是一种相较于其他艺术形式更需要对美进行审视和判断的艺术形式，虽然其没有固定的风格和形式，但均需要考虑艺术作品本身所蕴含的审美规律，以及如何表达和体现美，最终通过公共艺术独特的表现形式促使观众与作品形成美的共鸣。

公共艺术的创造本身就是一种人类美的劳动，因此，它要符合美的规律，构造公共艺术有秩序的美。这就要求公共艺术必须遵守"美的规律"进行艺术实践。

（一）公共艺术的美学实践

公共艺术本身就是一种实践活动，从经济学的角度来说是对劳动的哲学升华，劳动是实践的基础，是实践的基本形式，不论是按照积极的、有秩序的视觉形式进行实践，还是按照消极的、混乱的视觉形式来进行实践，都是一种实践体验。

在公共艺术中，这种美学实践劳动需要以大众接受为价值实现，必须确保公共艺术作品是大众生活的一种传达媒介。从公共艺术的实践进程来看，公共艺术的创作和发展拥有极强的丰富性和不确定性，同时公共艺术这种实践活动也是人类发展的需求。这种实践活动不但是艺术家自我意象体验的表达，而且是大众自由而有意识的生命活动，也是人在改造对象世界中自身存在意义的探讨。

公共艺术的实践活动所表现的是一种艺术的创造，是从审美判断中获得艺术上的实践，既可以对自然进行艺术改造，也可以对现实进行艺术加工，甚至可以对虚拟世界进行艺术呈现，而这些必须符合自然本身的规律，也要实现自身的现实目的，这里包含艺术的技术性的实践生产，也包含艺术的自由创作。

这两者结合的实践活动，并不是简单地按照自然规律和大众审美进行体验，而是按照"美的规律"来进行，是人对公共艺术自身的要求和愿望的实践表达。公共艺术所承载的是一个社会群体的生命体验、情感需求和文化取向，是大众的审美理想。

按照人类的"美的规律"进行公共艺术实践活动，才是公共艺术创作的最佳选择。公共艺术在艺术功能中担负着教化功能，其艺术作品的美学价值叙事方式与观众密切相关，不受经验理论与历时性的影响，因此，艺术家创作艺术作品不能违背大众普遍具有的价值观，观众的视知觉体验也需要对挪用后的艺术作品重新认识。

公共艺术的美学实践，按照美的规律进行实践是实现自由和个性的基础，但自由不是放纵也不是随意，更不是寻常意义上的追求差异，而是要个体在社会中实现符合大众审美的美，是艺术家通过艺术创作将个性和独特性融入作品，实现公共艺术审美的美的规律。

个性也不是在公共艺术美学实践中追求差异性，更不是寻求与大众审美对立的特异性，而是运用普遍性的方式来展现个体的差异性和审美理念的差异性。公共艺术的实际上是为原有的艺术审美知觉所寻求的一种新形式，也是在不自由的艺术中、缺乏自律的艺术中寻求一种合理的自由创作，要保留大众经验的合理愉悦感，把握揭示艺术普遍性的审美尺度，给予艺术家自由个性的创作空间。

（二）公共艺术创作中审美规律实现的手段

公共艺术设计中对自然艺术的改造是一种重要的创作方法。自然是最初的艺术，它本身就是一种最真实、最生动的艺术形式。公共艺术设计师需要通过对自然的理解和感知，用艺术的方式进行改造，使之更具有艺术性和审美性。这种改造并非简单地模仿，而是在尊重自然的基础上，加入艺术设计师的主观创意，创造出既符合自然规律又具有人的创造性的新的艺术形式。这种改造需要设计师有深厚的艺术功底、敏锐的审美意识和独特的艺术创新能力。

公共艺术设计中对现实的艺术加工是另一种重要的创作方法。现实是艺术的源泉，艺术家通过对现实的深刻理解和独特的艺术表现，将平凡的现实生活转化为富有情感和想象的艺术形象，给人以美的享受和精神的启示。公共艺术设计中的现实艺术加工，既需要真实反映社会生活，又需要有独特的艺术风格和创新手法，使之成为一种能够引起公众共鸣和思考的艺术作品。

公共艺术设计的创作过程中需要符合自然规律，实现自身目的。公共艺术作品既要符合自然的规律，如色彩、光线、空间等，又要满足人的审美需求，创造出符合人的审美规律的艺术作品。另外，公共艺术作品要有明确的创作目的，如社会教育、文化传播、环境美化等，这需要设计师有高度的社会责任感和使命感。

公共艺术设计的创作理念中应包括技术性实践生产和艺术自由创作。技术性实践生产是艺术设计的基础，设计师需要熟练掌握各种艺术技法和设计技术，才能创造出技术上精良的艺术作品。而艺术自由创作是艺术设计的灵魂，设计师需要有独立自主的创作思想和丰富的想象力，才能创造出具有深刻内涵和独特风格的艺术作品。

第六章　公共艺术的现实场域及设计

第一节　城市空间文化与公共艺术空间

城市空间文化与公共艺术设计之间的关系是相互影响、相互渗透的。公共艺术通过创新的设计，活化城市空间，形成具有特色的城市空间文化；反过来，城市空间文化的特点和要求也对公共艺术的设计产生影响。另外，公共艺术设计涉及公共艺术空间，因此在城市空间文化基础上进行公共艺术设计，需要对城市空间文化和公共艺术空间有深入了解和认知。

一、公共艺术空间

若想打造公共艺术空间，艺术家用就要根据这个空间类型采用特定艺术形式来打造。就城市的公共艺术打造看，空间设计要求有城市的文化内涵，体现文化的积极作用。难点在公共艺术空间精神很难体现，外部空间与内部空间需要保持协调。

外部空间的打造，就是要打造自然和人文空间，其中人文空间是城市的标识，它的视觉冲击力比自然的冲击力强。内部空间的精神取向相对容易表现。从观者对城市内在精神的感知就可以看到艺术家的情怀。

（一）公共艺术的外部空间

艺术家在城市外在空间中进行艺术创意，将他们精心设计的作品融入城市公共空间中，达到传递思想和美化城市目的。在外部空间的视觉表达上，艺术家依托公共艺术作品外部造型传达创作者思想，利用外部空间造型设计直观解读城市空间内在精神，以构成艺术形式和公共空间对话。

公共艺术的外部空间形态是公共艺术的第一感观。外部形态是公共艺术作品与环境相互作用，与观众对话的主要方式。在公共艺术的设计过程中，艺术家通常会根据周围的环境，利用特定的艺术语言来创造作品的形态。这种形态既要与周围的环境相适应，又要体现艺术家的独特视角和创新思想。以《云门》为例，这座巨大的镜面雕塑，将周围的城市景象反射出来，既呈现了芝加哥的城市形态，又独特地改变了观众看待环境的视角。

千禧公园《云门》独特材质和巧妙构思，使它本身产生了丰富变化，给公众增添了异样的视觉感受。这种客体的变化带来城市空间的变化，即公共艺术作品给人们带来视觉上享受。它是艺术家结合城市空间较为成功的案例，不乏艺术家的想象力、精准的造型表达和特殊材质的运用，直观、大胆、时尚、精美，整体设计与细节处理，魅力无穷和创意无限。

公共艺术的外部空间表现形式多样，这些表现形式和作品的形态相结合，构成了公共艺术的丰富性和多样性。例如，抽象艺术通过非具象的形式，传达了深层次的情感和思想；具象艺术则通过详细地描绘，展示了具体的场景和人物。这些不同的表现形式，为公共艺术作品赋予了丰富的内涵和多元的视角。

公共艺术的外部空间与城市空间有着紧密关系。艺术家通常会结合城市的具体环境和背景，创作出具有艺术内涵的作品。这样，公共艺术作品不仅成为城市的一部分，还能反映和塑造城市的特色和文化。

（二）公共艺术的内部空间

公共艺术的内部空间不仅是指艺术品本身的内部构造，如结构、形状、材料等设计元素，也包括艺术作品所体现的内在精神、文化信息和社会价值观。它涵盖了公共艺术的深层次含义和内在价值。

艺术家在设计过程中，需要考虑这些元素如何与城市空间文化产生互动和对话，如何通过作品的内部空间来反映和塑造城市空间文化。以英国伦敦的泰特现代艺术馆为例，其内部空间设计充分利用了原有工业建筑的结构特征，将工业历史的痕迹和现代艺术展览完美融合，形成了独特的空间文化体验。

公共艺术的内部空间的精神特质是它的核心。艺术家通过创作过程将他们的观念、情感和精神世界注入艺术作品。这种精神特质在作品的内部空间中得以体现，为观众提供了理解和感知作品的路径。

法国雕塑家奥古斯特·罗丹（Auguste Rodin）雕塑《思想者》就是一个典型的例子：表现出强有力劳动男子弯腰、屈膝、托颌、默视的精妙瞬间。深沉的目光、咬着的嘴唇、紧握拳头的姿态，表现出极度痛苦之情。肌肉异度紧张，但全神贯注，沉浸于苦恼之中，直观地展示了人的思考、求知的内在精神。人们面对这个雕塑，不仅可以感受到作品的外部形态，而且能体验到艺术家试图传达的精神世界。公共艺术的内部空间表达出他们对文化的理解和感知，从而使公众能够通过观赏艺术作品来认识和了解文化。

美国华盛顿的越战纪念碑，刻有所有在越南战争中牺牲的美国士兵的名字，让人们不仅能够感到战争的悲惨，也能理解到战争对个人和家庭的影响。这个纪念碑通过它的内部空间传达了关于战争和和平的深刻的文化信息。

公共艺术的内部空间承载了重要的社会功能。它能够反映社会的现状，表达社会的需求，甚至引发社会的变革。例如，西班牙艺术家巴勃罗·鲁伊斯·毕加索（Pablo Ruiz Picasso）的壁画《格尔尼卡》，描绘了在西班牙内战中格尔尼卡城被轰炸的场景，通过强烈的视觉影像展现了战争的残酷，引发了人们对战争的反思、对和平的渴望。

公共艺术的内部空间是艺术作品的灵魂，它包含艺术家的思想、情感和观念，反映了社会的文化、历史和价值观。公众可以通过对公共艺术的观赏和体验，感知到这个内部空间，从而获取艺术的独特价值。

《深圳人的一天》是中国公共艺术的里程碑式作品。这件作品于20世纪末在深圳园岭社区诞生，不仅体现了深圳市民的生活状态，而且标志着公众参与艺术创作的新纪元。

作品创作源自平民化构想。设计师选择了一天，选取了18个他们认为具有代表性的职业人做模特。这些模特并不是按照传统的标准选择的，而是遵循陌生化和随机化的原则，只要遇到愿意合作的人，就会邀请他们成为模特。

设计师和雕塑家将选定的模特按照一比一大小制作成青铜像，同时制作了与他们身份相关的各种道具，如清洁车、自行车、电话亭等。在这组作品中，还有四块黑色花岗岩浮雕墙，上面复制了当天的城市生活资料，如城市基本统计数据、报纸版面、天气预报、空气质量报告、股市行情等。

《深圳人的一天》不仅展示了深圳市民的日常生活，也开启了公众参与艺术创作的新纪元。这组作品使普通人和日常事件成为主角。这些平民化的元素让公众感到亲近，成为公共艺术的真正主人。

作品以一种独特的方式展示了深圳的城市精神，即任何人可以成为这座城市历史的一部分。此外，这件作品体现了艺术家的一种创新精神。他们在创作中以人为本，关注每一个平凡人的生活，强调每个人是城市的一部分，是城市的主角。在这个过程中，公共艺术不再是远离人们生活的高级艺术，而是与市民生活密切相关的艺术形式，为公众提供了参与艺术创作的机会。

二、城市空间文化

城市空间文化是一个独特的研究领域，探讨的是城市空间在形式、功能和象征意义上的特性，以及如何塑造城市居民的活动、如何被城市居民所塑造。城市空间文化不仅包括城市的物理空间，还包括城市的社会空间和精神空间。

城市空间文化不仅包含城市的物理空间文化，即城市空间的形式和结构特性，包括城市建筑、公共空间、街道、绿地等的设计和规划，还包含城市的社会空间文化，即城市空间如何被社会力量所占据和使用，反映了社会的权力分布、社会关系和社会结构，同时包含城市的精神空间文化，即城市空间如何被赋予象征意义，成为居民身份认同、记忆和情感的载体。

城市空间文化具有多元性、动态性和综合性。城市空间文化的多元性体现在城市空间内包含多种文化要素，如历史、艺术、风俗、民俗等。城市空间文化的动态性体现在城市空间文化是不断发展和变化的，受到历史、经济、社会、技术等多方面的影响。城市空间文化的综合性体现在城市空间文化是物理空间、社会空间和精神空间文化的综合体现。

城市空间文化的发展可追溯到城市的形成和发展。早期的城市是围绕着宗教或政权中心建立的，城市空间文化主要体现在宗教和政权的象征空间。随着工业化和现代化的进程，城市开始大规模扩张和重构，城市空间文化开始体现在工业和商业空间，以及新兴的居民社区和公共空间。在现代后期，随着全球化和信息化的影响，城市空间文化越来越多地体现在全球和虚拟空间，以及不断重构和再发明的历史和艺术空间。

城市空间文化和公共艺术空间的内涵，在当代公共艺术发展过程中实现了完美融合，一方面，公共艺术作品作为城市空间的一部分，通过其形式、主题和象征意义，塑造和表达了城市的物理空间、社会空间和精神空间文化；另一方面，公共艺术作品是由社区居民和公众参与创作和使用的，反映了城市社会的多元性、动态性和综合性，以及公众对城市空间文化的感知和理解。

例如，北京798艺术区的公共艺术作品，充分体现了北京作为古老文化之都与现代化大都市的双重属性，通过创新的公共艺术设计，实现了历史与现代、传统与创新的和谐融合，为城市空间文化的发展注入了新的活力。

第二节　城市公共艺术的设计

一、城市公共艺术设计的要素

（一）城市公共空间的类型

城市公共空间的类型多种多样，各种类型的公共空间具有各自的特点和功能，因此设计时需要考虑其用途和功能。

1.开放空间和闭合空间

开放空间是指对所有人开放，没有太多限制即可进入的公共空间。这些空间包括公园、广场、街道等。其中，公园包括城市大型公园，如森林公园、植物园等，各种普通公园，如动物园、专类植物园、纪念性公园、游乐园等；广场包括街头绿地、专用绿地、各性质广场等。街道包括步行街、林荫道等。除此之外，还包括各种户外娱乐空间和大型文化建筑附属户外空间等。

开放空间是城市公共空间所特有的。随着城市人口的增多，土地资源日趋枯竭，开放空间显得格外稀有和珍贵。开放空间具有高度的可达性和包容性，可以满足人们的休闲、交流等多种需求。开放空间的开敞度取决于有无侧边界、侧边界的围合程度、开洞大小、启闭的控制能力等。

开放空间具有社区生活的重要作用，它可以增进社区居民之间的互动，提高社区的凝聚力。开放空间具有高流动性和高趣味性，经常被用于室内与室外的过渡空间，是开放心理在城市环境的表现。开放空间的外向式决定空间限定度与私密性较小，与周围环境的交流与渗透有限，讲究对景与借景，注重与自然空间以及环境融合。和同等闭合空间相比，开放空间的心理效果活泼开朗。闭合空间有很强的隔离性、内向性、拒绝性和视听隔离性等，会给人有较强的安全感和私密感。比较具有代表性的闭合空间，包括博物馆、图书馆、体育场馆等。虽然这些空间的可达性相对较低，但它们提供了更具专业性的服务和设施。例如，图书馆提供了丰富的阅读资源，体育场馆提供了专业的运动设施。

2. 实体空间和心理空间

实体空间指的是界限清晰肯定、范围明确并具有强烈领域感的空间。有强烈的封闭感，往往有较强的私密性和安全感。

心理空间也称虚拟空间，它没有明显界面，但有限制的空间，其特征是处于实体空间内的范围不明确，私密性小。它无法单独存在，通常更需要与其他形式的空间进行相互结合、相互渗透而形成，同时是一种创作完美室外空间的有效手法，如通过地面、顶棚、竖向墙体等界面的有机结合来实现。

3. 单一空间和复合空间

单一空间是指只有一种功能或特征的公共空间，通常空间尺度较小，且拥有明确空间分隔，且使用功能也较为单一。从空间构成角度来看，单一空间是组成完整空间的基本单元。一幢建筑可以是一个单一空间，也可以是成千上万个单一空间的组合。较具代表性的单一空间包括只用于体育运动的体育场，只用于展览的展览馆等。这种空间的特点是功能明确，用途专一。

复合空间是指具备两个或两个以上功能空间性质和归属的空间，通常会融合多种功能和特征。相较于单一空间而言，复合空间可变性更强、复杂性更高、功能性更丰富，通常会涉及空间的功能、形态、界面等方面，可以满足人们多种需求。

复合空间表达的是一种复杂的空间组织形式，它适用于开放性、公共性程度较高的功能群组，同时适用于商业、娱乐、办公空间等。既可以进行购物，又可以用餐，还可以观影的商场。

4. 下沉空间和地台空间

下沉空间是指位于地面以下的公共空间，或者地面局部下沉，与周边形成一个界限明确且富有变化的独立空间，最具代表性的就是地下商场、地铁站等。

下沉空间的主要优点是可以节约地面空间，降低环境噪声，提供舒适的环境。由于下沉地面标高比周围低，因此有一种隐蔽、保护和宁静感，人们在其中休息、交谈也倍感亲切，在其中工作、学习也会较少受到干扰。

下沉空间的视点会相对变低，所以处在其中的人会产生更大的空间感觉，对室内外景观感受也随之而变化。下沉空间可根据具体条件的不同而有不同的要求，可以有不同的下降高度，高差交界的地方，如布置矮墙绿化或景观墙等。

地台空间是指位于地面以上的公共空间，或将室外地面局部抬高，形成一定高差之后的上层空间。地台空间相当于在地面升高产生台座，所以和周围空间相比会变得十分醒目突出，适宜于惹人注目的展示、陈列或眺望。

比较具有代表性的地台空间如天桥、楼顶花园等。地台空间的优点是可以提供良好的视野，增加城市的立体感，同时也可以增加城市的绿化面积。

（二）色彩表达

色彩与日常生活和工作均有紧密联系，会对人的生活环境和精神状态产生重要影响。色彩可以影响人们对空间的感知。一般来说，淡色调可以使空间看起来宽敞，而深色调可以使空间感觉紧凑。同时，色彩可以用来指引人流或者标记特定区域。

1. 色彩的心理效应

色彩在日常生活中起着重要的作用，它不仅会让所处环境变得丰富多彩，还能影响人的情绪和行为。

色彩的冷暖感是由色彩的光谱决定的。在色轮上，红、橙、黄被认为是暖色，这些颜色给人以热烈、活跃、温暖的感觉；相反，蓝、绿、紫被认为是冷色，这些颜色给人以冷静、平和、舒适的感觉。在设计中，暖色通常用来激发人们的激情和活力，冷色则用来创造宁静和放松的氛围。

色彩的重量感是由色彩的明暗和纯度决定的。通常，深色和饱和的颜色看起来比浅色和不饱和的颜色更重。在设计中，深色和饱和的颜色常常用来突出重要的元素，浅色和不饱和的颜色则用来营造轻盈和开阔的感觉。

色彩的进退感是由色彩的温度和亮度决定的。在视觉上，暖色和亮色会显得接近观察者，冷色和暗色则会显得远离观察者。在设计中，利用色彩的进退感可以创建出空间的深度和三维效果。

2. 城市公共艺术设计中的色彩设计

城市公共艺术设计中的色彩设计是一个具有重大意义的环节，它不仅影响着艺术品的视觉效果，也深深地影响着人们的情绪和行为。

确定主色调是色彩设计的首要任务。主色调是一件艺术品的基础色彩，它为艺术品的整体风格和氛围定调。在确定主色调时，设计师需要充分考虑艺术品的主题、场地环境、人们的文化背景等因素。

一个旨在传达活力和活力的公共艺术项目可能会选择明亮的暖色作为其主色调，而一个旨在营造宁静和安详氛围的项目可能会选择深沉的冷色。此外，主色调也需要与周围的环境和建筑色彩协调，以形成一个和谐统一的视觉效果。

协调和统一是色彩设计的基本要求。协调是指各种色彩能够和谐地共存，无论是对比还是类似，都能达到视觉上的平衡和谐。统一则是指整体色彩方案应具有一致性，使整个艺术品呈现出统一和连贯的视觉效果。在进行色彩设计时，设计师需要考虑色彩的冷暖感、重量感、进退感等，以达到色彩的协调和统一。

增强色彩感染力是色彩设计的重要目标。色彩感染力是指色彩对人的心理和情绪的影响力。通过选择能够引发特定情绪反应的色彩，设计师可以加强艺术品的感染力和影响力。例如，红色通常被关联到活力和热情，蓝色则常被关联到平静和宁静。因此，设计师可以通过调整色彩的饱和度、亮度和对比度等，来增强色彩的感染力。

（三）光与影

光和影是公共空间设计中的一个重要平衡指标，也是以艺术形式凸显城市独特魅力的重要媒介。光和影不仅影响空间的美观，还关系人们在公共空间中的舒适度。

良好的照明设计可以提高公共空间的安全性和可用性，如充足的街道照明可以让行人在夜间行走时感到安全。光和影可以用来创造视觉效果，增加公共空间的吸引力，如灯光设计可以强调建筑或者景观的特点，而树木和建筑物的阴影可以营造出有趣的视觉效果。

随着城市现代化的快速推进，光的过度使用和均质光的泛滥，使得阴影在公共环境中的作用大幅降低，造成了极大的光污染，在进行城市公共艺术设计时，若能够合理运用光影效果，保持两者的平衡，就能够为整个作品营造出一种自然美，从而推动观众主动思索城市与光影的关系，甚至可以借助这种关系催化集体的城市记忆。

（四）材料

在设计城市公共空间时，需要选择合适的材料。材料的选择会影响公共空间的耐用性、维护成本、以及环境影响。选择耐用的材料可以提高公共空间的寿命，降低长期的维护成本；选择环保的材料也是十分重要的，可持续的材料或者回收材料可以减少公共空间对环境的影响。

城市公共空间设计的材料，主要包括铺装材料、标志材料、防护材料、雕塑材料、休息椅材料等。

铺装材料主要用于公共空间的地面、步行道和广场等区域。常见的铺装材料包括混凝土、沥青、砖块、石材等。在选择铺装材料时，应考虑材料的耐磨性、抗滑性、抗冻性以及视觉效果等因素。例如，自然石材能营造优雅、永恒的效果，混凝土铺装则比较耐用且成本较低。

标志材料用于公共空间的指示牌、信息板等标识系统。标志材料需要耐候、耐腐蚀，且易于阅读和维护。常用的标志材料包括不锈钢、铝、塑料、玻璃等。标志设计和制造应符合可读性和易理解性的要求，以帮助公众在空间中方便地导航。

防护材料主要用于公共空间的围栏、护栏、墙面等区域，起到防护和安全保障的作用。常见的防护材料包括木材、金属、石材和玻璃等。在选择防护材料时，应考虑材料的强度、耐久性、美学效果和安全性等因素。

雕塑材料用于公共艺术和装饰元素，可以提升公共空间的审美价值和吸引力。常见的雕塑材料包括青铜、不锈钢、石材、玻璃、塑料等。在选择雕塑材料时，应考虑材料的表面效果、耐候性、形状和色彩等因素，以确保雕塑作品的视觉效果和持久性。

休息椅材料主要用于公共空间的座椅、长椅等休息设施。常见的休息椅材料包括木材、金属、塑料、混凝土等。在选择休息椅材料时，应考虑材料的舒适性、耐用性、抗破坏性以及维护成本等因素。

二、城市公共艺术设计的原则

（一）环境和谐原则

在城市公共艺术设计中，环境和谐原则是必须遵循的重要导向。这一原则基于公共艺术是由人文、社会、环境三个要素共同构成的认识，关注的核心是如何让公共艺术作品尽可能地融入环境，与之形成共融共生的关系。

城市环境可以包括自然环境、建筑环境和人文环境三个层面。自然环境涵盖了生物圈、大气圈、水圈、岩石圈等大自然的要素，以及城市空间中的一草一木，这些自然元素皆可为情感之物。建筑环境包括城市空间中的各种人工环境，如道路、建筑、绿化等。人文环境则涵盖了社会制度、法律、经济、民俗风情、时尚文化等多种因素。前两者是公共艺术存在的硬环境，影响其尺度、体量、材质及形式，后者则是决定公共艺术文化品质、思想内涵的软环境。

在这个视角下，公共艺术设计应着眼于生态环境的整体性，关注公共艺术在人文与自然环境中的适当地位。这种设计取向使公共艺术不再是强加于自然的元素，而是融合于其中。设计师在这个过程中，角色也由单纯的创作者转变为艺术的策划者、协调者和塑造者。

公共艺术设计必须尊重和融入自然环境。公共艺术设计应遵循地域特征原则，强调充分认识场所的自然属性，尊重大地与空间，注重地域环境文脉的传承。设计过程中需要注重内在的、精神上与视觉上的城市性格指向，以此来彰显城市精神。

充分认识和尊重场所的自然属性，将艺术作品融入大地和空间。同时，设计师需要遵循绿色设计原则，通过节约自然资源和保护生态环境的方式，让公共艺术与自然实现共荣共生。

公共艺术设计需要与建筑环境相协调。公共艺术设计要考虑其所处的建筑环境，包括建筑风格、材料、色彩等，使艺术作品通过形态、色彩、材质等手法，与周围的建筑空间形成视觉和空间的联系，实现与环境的和谐共生。可以节约自然资源和保护生态环境为指导思想，通过设计使有限的资源实现其有生机、可分解、可再生，使人、艺术、自然可以共荣共生，尽可能减少对环境的负面影响，提高公共艺术作品的环保性能。

公共艺术设计需要反映和尊重人文环境。公共艺术设计要深入了解和反映社区的历史背景、文化传统和社区居民的需求和期待，以此来增强社区的身份认同感，强化社区凝聚力。公共艺术设计需要遵循宜人尺度原则，不能用虚张声势的形态抹杀人的比例，对人的速度和尺度的观照就是对自然本身的观照，使之成为与人类生活相关的艺术。在公共艺术设计中，应以人为尺度，考虑人的视觉和触感体验，使艺术作品的大小、形状、位置等都以人的舒适度为首要考虑。

（二）美的原则

城市公共艺术设计是一项高度综合和实践性的创作活动，设计师在创作过程中不仅需要考虑到空间和环境的要求，还需要在设计中运用美的原则，实现审美的需求。

在设计中，对比和统一是一对相互关联的美的原则。对比可以创造视觉张力，提升空间的活力和吸引力；统一则可以在视觉上创建整体的和谐感和稳定感，有利于提升空间的整体性和连贯性。

在公共艺术设计中，设计师可以通过色彩、形状、材质等元素的变化来实现对比，如用不同的颜色来区分不同的区域，用不同的材质来提升空间的层次感。同时，设计师需要通过统一的元素和风格来保证设计的整体性，如通过统一的色调、线条、形状等来保证视觉的连贯性和整体感。

对称和均衡是另一对重要的美的原则。在视觉上，对称具有稳定和和谐的感觉，可以为视觉带来平静和安定的感觉；均衡则意味着视觉的平衡，可以让观者感觉到视觉的舒适和安稳。

在公共艺术设计中，设计师可以通过对称的元素和布局来创造稳定和和谐的视觉效果，如通过对称的雕塑、建筑、布局等来提升空间的稳定性。设计师需要保持视觉的均衡，如通过平衡的颜色、形状、线条等来保证视觉的平衡和舒适。

节奏和韵律是公共艺术设计中重要的美的原则之一。节奏是指设计中元素的重复和变化，它可以带来视觉的动态感和生命力；韵律则是指设计中元素的流动和变化，它可以带来视觉的连贯性和生命力。

在公共艺术设计中，设计师可以通过元素的重复和变化来创造视觉的节奏感，如通过重复的线条、形状、颜色等来创造视觉的节奏感。另外，设计师也需要保持设计的韵律感，如通过流动的线条、形状、颜色等来保证视觉的连贯性和生命力。

（三）文化传承与批判原则

在城市公共艺术设计过程中，除了美学原则和环境和谐原则外，文化传承和批判原则也起着重要的作用。设计师在创作过程中需要对这些原则有深入的理解和应用，以保证设计既有艺术性，又能反映和传承城市的文化价值。

城市公共艺术设计是城市文化的重要承载者，它反映了城市的历史、传统、习俗以及社会价值观。因此，设计师在创作过程中需要充分考虑到城市的文化特征和文化遗产，以实现文化的传承和推广。这不仅包括使用传统的符号和元素，也包括对传统文化的解读和转化，使其能在新的环境中发展和延续。

设计师需要深入了解城市的文化背景和历史传统，包括城市的发展历程、重要事件、著名人物以及独特的地方风俗等，这些都是设计的重要参考和灵感来源。同时，设计师需要考虑如何在设计中体现这些文化元素，使它们能以一种现代和鲜活的方式呈现出来。

设计师需要考虑如何在设计中保留和传承传统的手工艺和艺术技法。这包括使用传统的材料和工艺，以及借鉴传统的设计理念和表现手法。这不仅可以保留和传承传统的艺术技能，也可以让现代的公共艺术设计更加丰富和多元。

城市公共艺术设计不仅是文化的传承者，也是文化的批判者。设计师在创作过程中需要对现有的社会现象和文化观念进行批判性的思考，以揭示和反思社会的问题和矛盾。

设计师可以通过公共艺术设计来提出对现有社会现象的质疑和批判，如对消费主义、性别歧视、环境破坏等问题的关注和思考。同时，设计师可以通过设计来揭示社会的矛盾和冲突，以引发公众的反思和讨论。

设计师还需要对传统的文化观念进行批判性的思考，以避免盲目的文化崇拜和模仿。设计师需要明确哪些文化元素是有价值的，应该被传承和发扬，哪些文化元素是有问题的，需要被批判和改变。

（四）公共人本原则

城市公共艺术设计的公共人本原则强调人在公共艺术中的主体性，即人性化设计，也就是以人为中心的设计。城市公共艺术设计的根本目的是通过提高公共场所的人文环境质量，满足人们物质与精神上的需求，促进社会和谐与交往，因此"以人为本"是整体设计核心思想。

具体而言，城市公共艺术人性化设计需要着力于两个角度。一个角度是人在公共空间的行为特征和情感、心理和审美等方面的内容。在公共空间中，人的行为特征反映了个体与环境之间的关系。设计者应深入了解并充分考虑这些行为特征，包括人们在空间中的移动路径、停留时间、活动内容等。如设计者可以通过观察和分析人们在空间中的实际行为，了解人们对空间的需求和期望，从而进行更为符合人性的设计。

另外，设计者需要考虑如何在设计中体现出人的情感和心理需求，包括安全感、舒适感、欢乐感等。如设计者可以通过使用柔和的颜色、温暖的材质、合适的尺度等手段，以营造出积极、舒适的空间氛围。

在公共艺术设计中，设计者更需要考虑如何满足人们的审美需求，提供美的享受。这包括选择符合当地文化和审美习惯的设计风格、色彩、形态等，同时需要考虑如何通过设计提供新颖、有趣的视觉体验，以激发人们的想象力和创造力。

另一个角度是人自身的行为习惯、生理结构、心理状态、思维方式等。这是实现人性化设计的重要依据，设计者需要了解并尊重这些个体特性，以实现真正的以人为本的设计。

行为习惯是人的生活方式的体现，反映了人的社会文化背景。设计者应考虑如何在设计中适应和满足这些行为习惯，如人们的社交习惯、活动习惯、使用习惯等。

生理结构是人的基本生理特性，如体型、视觉、听觉等。设计者需要基于这些生理结构进行设计，如设计合适的家具尺寸、视觉引导、声音环境等，以确保用户的舒适度和使用便捷性。

心理状态是指人的情绪、感知、认知等心理特性。在设计中，需要考虑人的心理需求，如提供足够的私密空间以满足人的需求，或设计出引发好奇心或探索欲望的空间和设施。

思维方式则体现在人的决策过程和问题解决方式上。设计者需要了解目标用户群体的思维方式，并据此进行设计。例如，对于年轻一代，他们可能更倾向于开放、创新的空间设计，而对于老年人，他们可能更喜欢熟悉、传统的设计。

设计者不仅需要研究人与环境的互动关系，还需要深入了解人的内在需求和特性，以此为基础，创造出富有人文关怀、符合人的生活习惯、满足人的情感和心理需求、提供美的享受、适应人的生理结构、符合人的心理状态和思维方式的公共艺术空间，真正实现人和环境的和谐共生。

（五）时代特征原则

城市公共艺术设计是社会发展和时代进步的反映，设计过程中必须遵循时代特征原则。随着中国加入 WTO 并成为世界经济的重要参与者，全球经济一体化的特征已深入人心。

在公共艺术设计中，要考虑到本土文化的继承和发展，也要充分考虑全球化的趋势，以开放的视野吸收和融合世界各地的优秀文化元素。在设计风格、材质选择、设计方法等方面，应当反映全球化和地域化的融合。

信息化和网络化的发展，使人们的生活方式发生了翻天覆地的变化。在公共艺术设计中，可以运用信息化和网络化的手段，如通过数字技术、VR/AR 技术等创新手段，提供丰富、生动、有互动性的公共艺术体验。

随着经济的发展和社会的进步，人们的生活方式日益多元化。在公共艺术设计中，应当充分考虑到不同群体的需求和喜好，采用灵活多样的设计方法，以满足不同人群的需求。例如，可以设计各种主题和风格的公共艺术空间，以适应不同年龄、性别、职业、文化背景等人群的需求。

文化自觉性的提升，表现为人们重视文化的保护和传承，珍视文化的独特性和多样性。在公共艺术设计中，应当尊重和继承本土文化，同时要有创新的精神，寻求文化的发展和突破。随着公众环保意识的加强，公共艺术设计应当遵循绿色、低碳、可持续的设计理念，尽可能采用环保材料，避免对环境的破坏。

公共参与精神的崛起，需要设计者注重公众的参与和互动。在公共艺术设计中，应当鼓励公众的参与，如通过公众投票、设计比赛、工作坊等形式，使公众成为设计的参与者，而不仅仅是接受者。

三、城市公共艺术设计的方法

随着时代和现代科技手段的发展，公共艺术设计作为一种创造性工作，一直在不断丰富和延伸，形成了完善可行的设计体系，相对而言，公共艺术设计并无恒定方法，可以在遵循设计原则的基础上，根据不同设计方向、不同设计定位，使用不同的设计思维和设计方法。具体内容可参照图 6-1。

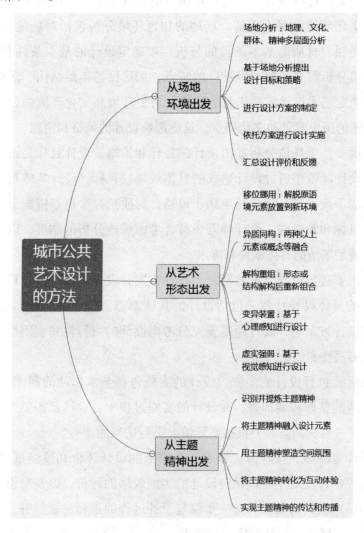

图 6-1　城市公共艺术设计的方法

（一）从场地环境出发

城市公共艺术设计应以场地环境为出发点，这涵盖了理解并尊重场地的历史、文化、社区和自然特性。

首先要进行场地分析，包括对场地的物理环境、社区环境、历史环境以及文化环境的深入理解。场地的物理环境分析包括对场地的地形、气候、光照、材质等基本条件的分析，以确定设计的基本条件和限制。社区环境分析需要了解周围社区的特点，如居民的年龄结构、活动习惯等，以确定艺术设计需要满足的需求。历史环境和文化环境的分析需要了解场地的历史背景和文化特点，这将影响设计的风格和主题。

其次要基于场地分析提出设计的目标和策略。设计目标是设计的终点，是设计师希望通过设计达成的具体效果或目标。设计策略是达成设计目标的手段，包括设计的主题、风格、材质选择、色彩搭配等。在确定设计目标和策略时，设计师需要综合考虑场地分析的结果，以确保设计能够满足场地的具体条件和需求。

再次要进行设计方案的制定。设计方案是设计师根据设计目标和策略制订的具体设计计划，包括设计的具体形态、色彩、材质、布局等。在制定设计方案时，设计师需要充分考虑设计的可行性和实用性，以及设计的美观性和创新性。

最后要进行设计的实施。设计的实施包括艺术作品的制作和安装，以及场地的整修和装饰等。在设计的实施过程中，设计师需要严格按照设计方案进行，同时需要根据实际情况进行适当的调整。

设计完成后，设计师应该对整个作品的设计评价和反馈进行汇总。设计的评价和反馈主要包括对设计的实施效果的评价，以及对设计过程中的问题和教训的反馈。这一步骤是设计过程的重要组成部分，可以帮助设计师不断提高设计的质量和效果。

（二）从艺术形态出发

一是移位挪用，主要通过将某种元素或形式从其原本的语境中解脱出来，再以一种新的方式放置在新的环境或背景中。这种方法可以引发观众的新的思考，让他们重新审视原有的事物和环境，激发出新的理解和感知。

二是异质同构，指将两种或多种不同的元素、形态或概念融合在一起，形成一种新的、整体的形象或结构。这种方法可以产生强烈的视觉冲击，创造出丰富多元的艺术效果。

三是解构重组，主要通过对某种形态或结构的解构，将其各个部分重新组合，形成一种全新的形态或结构。这种方法可以打破传统的视觉习惯，提供一种全新的视觉体验。

四是意象移情，是一种基于心理感知的设计方法，主要通过在艺术形态中引入某种富有感情的意象，以引发观众的情感共鸣。这种方法可以增强艺术作品的情感表达力，提升其艺术价值。

五是变异装置，属于一种动态的设计方法，主要通过对艺术形态进行变化或变异，创造出一种动态的、有生命的艺术效果。这种方法可以增强艺术作品的互动性和参与性，提高其公众吸引力。

六是虚实强弱，是一种基于视觉感知的设计方法，主要通过对艺术形态中的虚实、明暗、强弱等视觉要素进行调控，形成一种具有张力和节奏感的艺术效果。这种方法可以强化艺术作品的视觉冲击力，提升其视觉吸引力。

公共艺术设计师需要在充分掌握运用不同艺术设计手法的同时，对设计主观因素保持足够的尊重，以开放包容的态度运用灵感、偶发性、审美趣味、个性化、文化传统等多种形式生成因素，最终才能够形成极具个性的设计方法。

（三）从主题精神出发

在城市公共艺术设计过程中，主题精神是设计的核心和灵魂，它可以凝聚公众的共同情感，创造共享的公共空间体验。设计师需要深入理解和把握城市的精神内核，通过艺术和设计的手法，将这种精神融入设计中，使其在公众中产生共鸣，实现公共艺术设计的目标。

具体而言从主题精神出发的城市公共艺术设计的方法主要包括以下步骤：

一是识别并提炼主题精神，城市公共艺术设计的主题精神通常来自城市的历史、文化、特色等要素。设计师应通过深入研究和了解城市，提炼出独特的主题精神，为设计提供方向。

二是将主题精神融入设计元素，主题精神应通过设计元素（如色彩、形状、质地等）的选择和搭配，巧妙地融入设计。设计师应寻找和主题精神相一致或相辅相成的设计元素，以此来强化主题精神的表现。

三是用主题精神塑造空间氛围，主题精神不仅可以影响单个设计元素，也可以塑造整个空间的氛围。设计师应通过对空间布局、色彩搭配、灯光设置等的掌控，创造出能反映主题精神的空间氛围。

四是将主题精神转化为互动体验，城市公共艺术设计的目标是为公众提供有意义的体验。设计师应通过创新的交互设计，将主题精神转化为公众可以参与、体验的活动，增强公众对主题精神的理解和感知。

五是主题精神的传达与传播，设计师应充分利用各种媒介（如公众讲座、导览系统、宣传材料等），传达和传播主题精神，使更多的公众能了解和理解设计的主题精神，从而增强公共艺术设计的社会影响力。

第三节 数字化时代城市公共艺术的发展

公共艺术进入数字化时代后，数字化技术成为具有强烈的交互性特征作品，受众已不能满足传统的公共艺术在作品与观众之间产生的联系。数字化技术的引入，公共艺术呈现越来越丰富的形式，受众通过视、听、触、嗅等感观手段和智能化艺术作品交互，全身心融入、体验、沉浸，进行情感交流，从而得到用户体验。公共艺术作品注重从参与者得到的反馈，更加强调受众的能动作用和积极的参与性。

一、数字化公共艺术设计原则

数字化技术的广泛引入，不仅使公共艺术展示形式丰富多元，还深度挖掘并扩展了艺术与公众的互动可能，使艺术体验生动、直观、全面。在数字化时代背景下，城市公共艺术设计可以遵循以下几条设计原则：

（一）体验性原则

数字化技术使作品互动性和参与性加强，观众非静态观看者，是参与者和创作者。艺术作品将观众的情感、心理、身体等纳入其中，为观者提供多角度和多层次体验，从而实现观众深度参与。观众在参与中不断探求艺术体验，从而通过获得体验来收获对应的艺术审美效果，没有参与者，或参与者没有体验感，艺术作品也就无法体现真正的价值。

数字化公共艺术品注重体验效果渐进性和多重性，从而设计出多个体验点，最终使体验层次多样化，确保观众体验快感，达到体验高峰。如公共艺术作品的创作者可以将传感器、交互屏幕等数字化工具融入艺术作品，实现观众通过动作、声音等方式直接与作品互动，使艺术体验过程充满惊喜和探索性。

（二）互动性原则

互动性原则是数字化公共艺术的核心原则。艺术作品通过数字化工具和技术实现与观众的互动，旨在激发观众的参与积极性，增强艺术作品的感染力和影响力。

公共艺术具有信息传导的双向性特点，观众不是被动接受信息，而是主动地参与，并对作品的走向产生决定性作用。参与者通过触摸等行为，改变作品影像、造型、色彩等，让艺术家和观众之间的思想和情感交流与互动。

互动性原则强调观众的能动参与，将观众从被动的接收者转变为主动的参与者，让观众在参与过程中体验艺术，感受艺术，理解艺术。如一些公共艺术作品通过传感器等设备，使作品能够对观众的行动做出反应，如改变颜色、发出声音等，从而提升艺术作品的吸引力和互动性。

（三）科技性原则

科技性原则是数字化公共艺术的独特原则，要求艺术作品运用现代科技手段，包括数字化工具和技术，以创新的形式展现艺术，强化艺术的表达力和观众的体验感。

数字化公共艺术作品包括影像艺术、装置艺术、表演艺术、灯光艺术及计算机艺术等，单一的技术手段无法做出上述的作品，有许多高科技的手段融合介入是未来公共艺术发展的趋势。

例如，VR 技术和 AR 技术的运用，使艺术作品能够超越传统的物理限制，提供沉浸式的艺术体验。数字化公共艺术有别于静态公共艺术作品，"声""光""电"的介入是一种特殊的现象，是艺术与科技紧密连接。现代科技如 AI 等在艺术创作中发挥越来越重要的作用，使艺术作品具有动态变化的特性，为观众提供无限惊喜和感动。

（四）虚拟性原则

虚拟性原则是数字化公共艺术的新兴原则，强调利用数字化技术，如 VR 和 AR，创造虚拟的艺术体验空间，提供与现实世界不同的艺术体验。这主要是因为公共空间中很重要的一部分就是虚拟空间和网络空间，在数字化公共艺术中重视虚拟性，能实现人与作品的多维度沟通，将互动的效益最大化。

虚拟现实借助计算机三维技术、跟踪技术等生成集视、听、触觉于一身的交互式虚拟环境。用户可以借助的工具已经数据化了。如用数据头盔显示器、数据手套等设备与计算机互动，在虚拟空间中和真实世界体验。观众可以在这种虚拟环境中亲身参与，实现真实和虚拟的完美融合。不过需要设计者考虑到作品实际的社会空间中的放置，以及网络空间和数字媒体空间的运用。

二、数字化时代对城市公共艺术的推动

在数字化时代背景下，城市公共艺术的发展呈现出前所未有的活力和可能性。它的方法和方式影响到艺术展示、传播和公众参与等方面。

（一）数字创作工具和技术的广泛应用

在数字化时代，城市公共艺术的创作过程正在经历着翻天覆地的变革。数字创作工具和技术的广泛应用，不仅大大拓宽了艺术的表现形式，而且赋予了城市公共艺术新的生命力。

数字建模是一种基于计算机技术的三维建模技术，它能够帮助艺术家实现精确和复杂的设计。例如，在设计大型公共雕塑时，艺术家可以通过数字建模预先创建三维模型，以此对艺术作品的形状、比例和细节进行精确调整。这种方式不仅能够提高设计效率，还能够提升艺术作品的质量。

3D 打印技术可以将数字模型转化为实体作品，这一技术在公共艺术领域的应用也日益广泛。艺术家可以通过 3D 打印技术，将复杂的数字设计变为现实，打破传统工艺的限制，创作出前所未有的艺术形式，如中国艺术家艾未未曾使用 3D 打印技术创作出一系列寓意深远的公共艺术作品。

虚拟现实（VR）和增强现实（AR），能够为公共艺术提供了全新的表现形式和体验方式。艺术家可以通过 VR 技术，创作出超越物理空间限制的沉浸式艺术体验，或者通过 AR 技术，将虚拟艺术作品融入真实

的城市空间中。借助 VR 技术和 AR 技术，城市公共艺术作品能够提出一种全新的互动式艺术体验。

（二）数据驱动的艺术创作

在数字化时代，大数据和人工智能技术的发展，也对公共艺术创作产生了深远影响。一方面，艺术家可以通过收集和分析数据，深入了解公众的需求和反馈，进而创作出更符合公众审美和情感的艺术作品；另一方面，艺术家可以利用人工智能技术，创作出前所未有的艺术形式，如通过算法生成的艺术作品。

这些技术的运用，不仅能够扩展艺术的表达形式，也能够深化艺术与公众的连接。在现代社会，大数据作为一种强大的资源和工具，已广泛应用于艺术创作。它为艺术家提供了丰富的素材，也提供了全新的创作视角和方法。

大数据可以帮助艺术家深入地理解公众的需求和感受。艺术家可以通过收集和分析各种数据，如社交媒体上的用户行为数据、城市活动数据等，了解公众的兴趣和情感反应，从而在创作中更好地满足公众的期待，使艺术作品更有互动性和吸引力。

大数据还可以作为艺术创作的素材。例如，公共艺术作品创作者可以利用气候数据、人口统计数据等，创作出具有数据美学的艺术作品。这些作品通常以视觉化的形式展现复杂的数据，使观众能够直观地理解和感受数据背后的意义和情感。

在城市公共艺术的发展中，大数据扮演着重要角色。大数据可以用于评估公共艺术的影响。例如，通过收集和分析公众对于特定公共艺术作品的反馈数据，艺术家和决策者可以评估艺术作品的接受度、影响力等，据此改进艺术作品的设计和展示。

大数据也可以用于优化城市公共艺术的布局。例如，通过分析城市的人口流动数据、公共空间的使用数据等，城市规划者可以确定公共艺术作品的最佳位置，以吸引更多的公众参与和欣赏。

大数据还可以助力创新公共艺术形式。尤其是人工智能技术，特别是机器学习和深度学习，可以用于生成新颖的艺术作品。例如，一些艺术家已经开始尝试利用人工智能算法，创作出具有独特风格和主题的艺术作品。

（三）数字化的艺术展示和传播

在数字化时代，公共艺术的展示和传播方式正在经历前所未有的变革。艺术的生态正在由物理的公共空间转移到数字的公共空间，艺术的观众从被动的欣赏者转变为参与者，艺术的传播范围从局部的公共空间扩展到全球的网络空间。

数字化技术的引入使公共艺术的展示方式更加动态，增加了互动性。传统的公共艺术作品，无论是雕塑、壁画还是地标建筑都是静态的，观众的角色往往仅限于观看。然而，当数字化技术如投影映射、LED 屏幕、虚拟现实和增强现实等被引入公共艺术，作品的展示方式和观众的体验方式发生了翻天覆地的变化。

数字化技术支撑下，艺术作品不再是静态的，而是动态的、变化的，能够随着时间、地点、观众的互动等因素产生不同的展示效果。如投影映射技术可以把任何平面或立体的物体转化为动态地显示屏幕，为公共艺术的展示提供了无限的可能性；LED 屏幕则可以通过改变显示的内容，使艺术作品具有不同的表达形式和主题；虚拟现实和增强现实技术则通过引入数字元素，使艺术作品的表现力和观众的互动性大大提升。

数字化技术的引入也改变了公共艺术的展示空间。传统的公共艺术作品通常在公共空间中展示，受限于物理空间的限制，艺术作品的大小、形状、位置等都有严格的约束。当艺术作品进入数字空间，这些限制便不复存在。艺术家可以创作出不受物理限制的艺术作品，观众可以在任何地方、任何时间欣赏到这些艺术作品。

在数字化时代，艺术的传播方式也经历了深刻变革。网络和社交媒体的普及，使艺术作品能够迅速、广泛地传播到全球各地。艺术家不再需要依赖画廊、博物馆等传统的艺术机构，就可以把自己的作品展示给全世界的观众。观众也不再需要亲自去公共空间，就可以欣赏到各种艺术作品。这种新的传播方式不仅使艺术作品的观众群体大大扩展，也使艺术的传播更加民主化，艺术家和观众的互动更加直接。

数字化技术的应用还带来了艺术的重复性和可复制性。传统的公共艺术作品，因为其独特性和不可复制性，其价值往往体现在其唯一性和稀缺性上。然而，在数字化时代，艺术作品可以无限复制、无限传播，艺术的价值标准和评价体系也因此发生了变化。艺术的价值不再仅仅体现在其独特性和稀缺性上，而更多地体现在其创新性、影响力和观众的接受度上。

（四）数字化推动公众参与度的提升

数字化技术的发展不仅改变了公共艺术的展示和传播方式，也为公众提供了更多的艺术参与和互动机会，让公众从被动的观众转变为主动的参与者，从而使公共艺术更具活力和生命力。

例如，通过手机 App 或社交媒体平台，公众可以直接参与艺术创作或评价过程。传统的公共艺术作品往往是由艺术家独自创作，然后展示给公众。而在数字化时代，艺术创作过程越来越开放和透明，公众可以通过各种数字化工具，如在线画板、3D 建模软件等，参与艺术作品的创作过程，实现自我表达和创新。同时，通过社交媒体平台，公众也可以对艺术作品进行评价和分享，让更多的人了解和欣赏到这些作品。通过物联网技术，公众的行为和反馈可以直接影响到艺术作品的展示效果。一些公共艺术作品可以通过感应器或摄像头等设备，捕捉公众的动作、声音等信息，然后通过算法转化为视觉或音频效果，呈现在作品中。这种互动性的提升，使公众不仅能欣赏到艺术作品，还能直接参与艺术作品的展示过程，感受到艺术的魅力和乐趣。

　　数字化技术的应用，让公众更加贴近公共艺术，提升了公共艺术的活力和生命力。传统的公共艺术作品往往是静态的，无法随着公众的反馈和社会的变化而变化。而在数字化时代，公共艺术作品可以根据公众的反馈和社会的需求，进行实时的更新和优化。例如，一些公共艺术作品可以通过收集和分析公众的反馈信息，调整作品的内容和形式，使其符合公众的审美和情感。这种公众参与和互动的机制，使公共艺术不再是艺术家的独立创作，而是艺术家和公众的共同创作，使公共艺术更具活力和生命力。

　　数字化时代为城市公共艺术的发展带来了新的机遇和挑战。在新的技术条件下，艺术家和设计师需要更好地理解和运用数字化工具，创作出既有艺术性又符合公众需求的公共艺术作品，同时，需要提高公众的艺术素养和参与度，使公共艺术真正成为公众的艺术。

第七章　公共艺术在地性设计与保护

第一节　公共艺术在地性相关概念

一、在地艺术的发展

（一）在地艺术的缘起

"在地艺术"是由长年居住在加利福尼亚州圣地亚哥的美国极简主义艺术家罗伯特·莫里斯（Robert Morris）最早提炼和推广出来的，也被翻译为特定场域艺术，1966 年莫里斯在文章《雕塑笔记之二》中，对在地艺术的常与特性原则提出了一个关键表述，即艺术作品要脱离作品的关系，使之跟空间、光和观众的视域发生关系。

该方向的提出，使得最初在地艺术的形式主要将精力放在艺术对象和场域建立紧密且隐含关系的角度，而且要求观众出现并观看时，就是作品完成之时。20 世纪 70 年代中期，开始在美国流行并逐渐向全球艺术界蔓延。

在地艺术原意为"特定场域艺术"或"限地性艺术"，是指艺术家为特定场所创作的作品。1985 年理查德·塞拉（Richard Serra）所创作的 120 英尺（约 36.6 米）的特种钢雕塑，就是标准的在地艺术作品，该作品受到联邦广场这个特定场域的限制，完全按照该地点的委约设计，并非做好之后再进行搬迁，甚至移动该作品就是在毁灭该作品。

塞拉的艺术作品跟场域所要满足的物理关系上不重复，保持持久性和固定性，反对移动。不过随着在地艺术的不断发展，如反复、可变、移动特点，已经不再是限定在地艺术作品的标签，而是转化为支持和界定在地艺术作品的关键点。

（二）在地艺术含义变迁

作为基础概念的"限地性"，时有"在场性"，时被延伸为"地方性"或"本土性""区域性"。在中国汉语体系中，"在地性""在地艺术"，界定多样，尤其是当代艺术界出现了形形色色的"在地艺术"。

美国策展人、批评家权美媛（Miwon Kwon）在《一个又一个地方：在地艺术与地方认同》一书中，详细梳理经验主义范式、体制批判范式和学科建构范式三种范式演变。

经验主义范式以经验主义和现象学为依据，强调地点的物理空间属性、观众的感官与身体经验、作品的短暂性和不可重复性。从这一角度来看，在地艺术在发展的第一阶段，其含义侧重于在场性。如画廊、博物馆、艺术集市等，是空间与经济的复合体，这种状况存在质疑。

从此角度来看，在地艺术在发展的第二阶段，其含义指向限地性，不仅指代地点的限制，还包括地点背后权力体系对地点本身的限制，从而激发了艺术家的批判冲动。学科建构范式主要是 20 世纪 60 年代末在地艺术的发展阶段，随着在地艺术的频繁实践。在地艺术在发展的第三阶段，其含义已经超脱了限地性，开始形成更加抽象且广延的概念。不同的含义之间纠结，推动着在地艺术只得通过学科建构范式予以框定和细化。

20 世纪 60 年代末至 70 年代初，空降式在地艺术不断出现并在随后的艺术发展推动下不断繁衍，之后的市场介入和全球化发展，推动着艺术家开始将只为某一特定地点、场域创作的限地性作品，复制到其他场域，以便去适应机构场合、城市场域的需求，从而迎合了城市再生战略、机构商品化营销策略，艺术开始成为文化服务提供商。

之后市场和各种机构开始为在地艺术的制造、展示、销售、放置等制定各种各样的规则，从而对原始意义上的在地艺术形成了致命性摧毁，其最基础的限地性开始被重新解构。

在这样的背景之下，在地艺术的含义还是被重新思考，其不再拥有永久性和不可移动性，而是开始融合短暂性和无常性特征，这种含义并非简单的发展和延伸，而是针对在地艺术的巨大变异形成了充分认知基础上的批判性发展。

二、公共艺术在地性

"在地性"一直是公共艺术关注的焦点，公共艺术在地性是以公共艺术的概念和价值为核心，重点关注特定区域群体，并与之发生关系，重视与所在场所产生既是物理层面的关系，又是现象层面的关系。例如，通过邀请观者现场参与，它不仅能改变观者现场的审美体验，而且能让观者的审美体验参与公共艺术的表意实践。

（一）在地性公共艺术的构成要素

在地性公共艺术的构成要素主要包括以下几项：一是地理环境，二是人文历史，三是本体需求。

1. 地理环境

通常情况下，一件在地性公共艺术作品被放置在特定的场所时，并不是场所的环境特征被强行加注到作品之上，而是需要公共艺术作品去适应具体环境，依托具体环境而存在并升华。也就是说，在地性公共艺术作品的在地性，重点是作品内涵与思想等需要回归场所，需要让人感觉这件作品仿佛就置身于此，并依托该处土地的底蕴来衬托和强化作品的内容。

场所的地理环境是其最根本最突出的特征，在地性公共艺术之所以会与场所之间形成深层次的联系，很大一部分就是因为场所的地理环境。场所的地理环境同样蕴含着多层次的意义。一是自然环境特征，如气候、温度、地形、地貌等；二是具体的公共空间特征，如范围、生态、形状等；三是人工环境特征，如建筑特性、公众认可度等。

在地性公共艺术作品存在于具体的场所之中，因此作品必须能够充分体现该场所的环境特征，并借助这种表达手段来显现作品与场所的深层关系和内涵联系。这就要求在地性公共艺术进行创作时，能够重视该场所真实的自然环境特征、场所的现实状况、公众的审美能力等各方面条件，并综合考虑这些条件来寻找作品对地理环境产生应答和回复的具体办法。

在地性公共艺术不仅需要掌控该场所的自然环境特征，做到尊重自然条件和生态环境状况，而且需要创作者能够有效利用地理环境的特征和状况，来提升该场所自然环境特点的表现力，以及强化公共艺术作品的存在感和融入感。

2. 人文历史

任何一个场所支撑其发展延续和传承的精神支柱，就是该地的人文精神，尤其是中国地大物博、幅员辽阔，不同地域拥有不同的气候特征，从而在数千年的延续期间形成了不同的人文精神，如传统村落的人文历史内容，必然会涵盖当地居民的民俗和民风，以及特定民族习性、宗教信仰、民族文化等。

在地性公共艺术若想融入对应的场所，如以人文历史为主题，就需要借助作品来表达和呈现该地所传承的人文精神，将这种无形的人文历史精神转化为能够真实呈现和直观表达的作品，这样作品才能够完美融入场所环境，并与该地公众形成深度情感交流。

3. 本体需求

在地性公共艺术的在地性，关注的本体需求是设身处地考虑到该场所人的需求，即做到以人为本进行创作和呈现。毕竟任何公共艺术作品的受众都是当地观众，这就要求在地性公共艺术作品在生理、心理等各个层面都需要回应人的需求。

一方面是满足人与作品舒适的交流，满足人的身体生理需求，尤其是涉及人能够进入内部的作品，必须考虑到基本的尺寸要求、特殊人群要求等。

另一方面需要满足人的心理对美的追求，即满足人特定的心理需求和心理感受，这就需要创作者有效理解该场所公众的心理感受、民俗风格、民族特性、历史背景等各方面因素，最终在尊重当地的地理环境和生态需求基础上，满足人文历史背景的呈现，再结合当地公众的本体需求进行作品构建和创作。

（二）公共艺术在地性特征

符合公共艺术在地性的各种公共艺术作品，可以称为在地性公共艺术作品，整个创作过程必然需要与在地性特征进行融合，即在地性公共艺术势必要与特定场所发生多种多样的互动关系。

对于在地性公共艺术而言，场所是一个空间载体，是表现在地性公共艺术作品的一个沟通媒介。当前中国公共艺术的地性问题，需要在公共艺术场所中发生关系，中心思想在于在地性标准构建，对应的是符合当地居民诉求的人文关怀，不是简简单单用点缀装饰解决场所内的问题。

第二节　公共艺术在地性与景观创意设计

一、中国公共艺术在地性的发展

进入 21 世纪以来，中国经济和综合国力飞速发展，加快了城市化进程的步伐，城市不断被规划和设计，营造出科学有序的空间形态和丰富多彩的视觉体系。公共艺术开始成为城市文化建设中的重要形态，公众参与城市建设的积极性明显提高。

（一）中国公共艺术在地性的缘起

公共艺术经历了被接受、去实践与再认识的过程。从外部形态到学理体系，实践与理论相互印证、不断调整，由传统类型化艺术到"泛艺术"，由此衍生出众多体现时代表征的新艺术形式。

作为当代城市空间文化形态的公共艺术，社会化转型特征明显，艺术家的创新与实践进入公共文化空间设计。城市文化繁荣发展，公共艺术正在由传统的建筑、园艺、雕塑、壁画拓展到大地艺术、新媒体艺术、装置艺术等，并与音乐会、公众行为艺术、广场表演等公共文化活动同步前行，是城市文化形态开放性的体现。

当下，公共艺术发展改变着城镇的容貌。从早期极端政治化雕塑，到城市美化运动，再到向"公共艺术"概念的社会性延伸。虽有进步，但也出现诸多问题，是发展障碍，也是发展的动力，关键点落在艺术本土化、"在地性"。

近年来，公共艺术受到社会广泛认同，在社会历史进程中具有重大现实意义与学术价值。在新时代背景下，一些艺术实践者、理论专家与学者摆脱逐城市话题，寻求当代公共艺术的本土化研究，用时代、科技、生态等视角对其进行深入研究，公共艺术"在地性"值得关注。

（二）中国公共艺术在地性的内涵演变

横向看，"在地性"是地方与全球之间冲突和协调的产物。苏格兰社会学家帕特里克·格迪斯（Patrick Geddes）曾提出，放眼全球、立足本土文化观念同等重要。全球化离不开"在地性"，没有在地的贡献，全球化便是一纸空文。

在地性其实是艺术载体的基本属性，有自然地理的空间维度，涵盖历史人文；有时空维度，时间创造文化价值，空间孕育不同文化特色。

空间作为场域在文化传承中起到重要作用，公共艺术"在地性"实践把文化基因、民俗风情、人文信息、生态特征以及历史活态化。

当代学者大卫·哈维（David Harvey）从历史角度为艺术表现与空间体验提供新视角。他将马克思主义的历史唯物主义与地理学有机结合，强调空间问题复杂性，它与社会历史语境、人类物质生产实践活动存在互动关系。

美国俄亥俄州肯尼恩文理学院美术史教授周彦则认为，"在地性"是指公共艺术走出常规展览空间的场域空间，具有特定历史意义、有上下文、"文脉"关系。"在地性"空间的表现目的，是捕捉场域空间背后不断流变的社会历史语境、物质实践活动、人类之间的社会关系的实质，并从中抽取出各种表征特性，将其固定在空间形式语境的营造之中。

我们在寻求中国当代公共艺术本土身份以及本土资源的当代转换时，不得不重新思考公共艺术"在地性"的概念与表现方式。"在地性"不是简单的文化指向，而是多方位、多视角、多维度、多场域的存在，是对环境、场域、空间或人群的历史、生态、人文、习俗、文化、生活方式等诸多因素的梳理、分析、判断与聚焦。

公共艺术的"在地性"是基于文化母体上的精神再生，其终极目标就是创造性地建立公共艺术和场域之间的和谐关系。因此，"在地性"是具有指向性、独特性、开放性的公共艺术实施策略，具有导向意义的公共艺术参与和介入的有效方法。

当下，中国公共艺术已深入多元化发展状态，"在地性"如何去体现，从社会学的艺术创作方法来讲，带有一种主观性、有目的、有态度地将某种方法植入社会群体、活动或者空间。"在地性"提法相对于"介入"更具有后现代精神。艺术介入场域，考量标准与合理性就是"在地性"。

二、基于景观创意设计的在地性公共艺术

景观设计包括山河石丘、古树名木、河流湖泊、沼泽海洋等，人工景观要素主要是指各种人工建筑，包括建筑物等。景观要素为高质量城市空间建设提供独具特色的城市景观，这个系统组织过程就是景观设计。

（一）景观创意设计基础上的在地性公共艺术

景观创意设计就是基于景观设计的基础上，结合中国传统文化与现代时尚元素的设计趋势，既能够保留传统文化，又能够呈现时代特色，旨在突破传统设计风格中弊端。

基于景观创意设计的在地性公共艺术，是一种以风景园林规划设计为基础，以实现流行设计趋势为目标，以公共艺术为载体，推动创意实现及公共艺术在地性特性的发展模式。

以下以河北省秦皇岛北戴河新火车站和天津公共艺术展为例，进行基于景观创意设计的在地性公共艺术分析。

河北省秦皇岛北戴河是一个神奇而美丽的地方，早在20世纪30年代就已经成为世界闻名的避暑胜地，并以其特有的魅力吸引越来越多的中外游客，在中国近现代旅游发展史上有着重要的地位和价值。

北戴河新火车站是一个现代化旅游项目，其选址于北戴河，旨在实现一种穿越了历史岁月，展示从蒸汽机车时代发展为现代高科技全新动力车站的文脉变迁过程。

整个北戴河新火车站造型明晰，色彩淡雅，设计大方，极富人性化特征，充满了现代感。在公共空间中设计一件标志性作品，选择崛起、风帆、发展等雕塑，作品《对接·启程》采用了一列火车来承载北戴河的历史与未来，用超现实主义的穿越手段，将历史与当代、过去与未来相互对接，投射出了中国历史的缩影。

1917年的老爷列车横亘于站前广场上，给人们强烈的时间和空间对

比与视觉反差。火车的一节节串联对接，象征着衰落的国家与西方工业文明的对接，也是历史文明与当代科技发展现状的对接，以装置互动的艺术方式呈现，是文化母语等地缘因素的"在地"呈现。

这种基于北戴河历史文化背景和景观特性所呈现的公共艺术作品，就是一种基于景观创意设计完成的在地性公共艺术作品，其不仅承载了北戴河百年的发展历程，也以列车的形式展现了北戴河作为旅游文脉的地方印象。

2018年在天津举办了"跨领域、跨学科、跨媒介""中国天津市首届公共艺术大展"，整个展览以综合式理念对不同领域资源、不同行业和专业资源进行全面整合，包括且不限于多领域多学科的开放性思维融合下呈现公共艺术的可能性、多艺术类型构建共享文化新语境的公共艺术发展趋势，同时依托整合式策划推动了公众和艺术的直接对话、公众与城市的直接对话、历史与现代乃至未来的直接对话等。

整个艺术展进行实物作品展览，呈现出了形式丰富、形态多元、内涵多样的公共艺术作品，不仅带给了公众一场视觉盛宴，也带给了公众一场对城市文化、设计理念、公共艺术发展的综合思考。该展览中最具代表性的是一项参与性装置公共艺术作品《回到童年》，并不断邀请参战人员坐于童车之中，整个环境中放置了多个时期的玩具，并辅以不同时代的儿童音乐，形成了一个祥和又温馨的童年环境。

在整个作品之中，凝聚公众的生活经历和记忆，公众以参与互动的形式进入，能够回忆起不同身份背景之下的各种记忆元素，从而实现对纯真童年时代的畅想，推动了公众能够在参与互动过程中获得短暂心灵回溯。整个展览过程中，主要采用的手段是通过公共艺术体验活动、乡村或社区公共艺术实践、公共艺术教育活动等。整个项目的设计立足于天津历史文化，采用象征手法，以船型构架为载体，用不同的人作为造型元素，采用多样的材质，如土、纸等，把它有机地设计在一个场域内。其核心的价值取向就是把公共艺术在地性与公众有机融合。在精神层面，不同的人群有一个追求美好未来的夙愿，借创意设计理念来推动公共艺术在地性的实现。

除上述案例之外，随着中国社会的不断快速发展，依托于中国悠久农耕文化背景，乡村介入开始成为公共艺术在地性发展的一个重要方向，主要是因为中国本就是幅员辽阔、文化多样的农耕文明始发国，要实现文化的复兴，就需要全社会无盲区的文化共荣，因此公共艺术开始关注乡村场域。推动乡村文化建设，同样是基于景观创意设计之上在地性公共艺术的发展。

乡村介入开始实践，这是在地性公共艺术本土化思维变革之下，推动乡村文化和经济、旅游建设发展的源动力。

（二）基于景观创意设计的在地性公共艺术表现类型

基于景观创意设计的在地性公共艺术，在整个策划和执行过程中集中表现为三种类型：预设型、干预型和合作型。不同类型的公共艺术表现形式会与具体环境产生不同的效应。例如，特定公共场所的公共艺术，其独特社会人文属性和特定的历史文化是该类型公共艺术的特点，而这些公共艺术品是创作者对当地历史文化和人文环境等方面的再创造，更是对当地文化的提炼和升华。

预设型在地性公共艺术，是指通过对特定场所的特定文化进行挖掘，以现状和问题为核心进行作品创作，从而实现预设来挖掘出现状和问题背后的深层源头。

2007 年，中国艺术家、策展人邱志杰开始关注南京长江大桥在社会中突出呈现的情况，即自杀现象。邱志杰进行了多个层面深入细致的调研，与相关人士进行了深度访谈，之后进行了一系列创意方案设计，如绘画、摄影、装置、行为等艺术形式。最终确定了以南京长江大桥这个特殊场所为载体，创作了《南京长江大桥计划》项目作品。

南京长江大桥是新中国成立之后第一座自主设计和建造的双层双线

铁路公路两用桥，被国人视为骨气桥，甚至在很长一段时间属于国家形象代表。

这一座代表骨气的大桥，自建成以来却屡屡出现在其上自杀的人，邱志杰针对这一社会现象，创作了该艺术项目。同时借助该项目预设了现状和问题，属于对出现问题的救援行动。

邱志杰依托此项目，提出了深层次思考，尤其是取材、创作、现实状况等，该作品都与南京所处场所关系密切，呈现出了极强的在地性特征，也呈现出了预设型在地性公共艺术的独特魅力和深刻内涵。

干预型在地性公共艺术，是指切入公共空间来实现空间干预，以便呈现作品深层次内涵与含义的创作手法，旨在通过打破空间规划来强制性地改变公众对周围环境的认知。这类公共艺术作品往往在实施过程中受到质疑。例如，美国雕塑家、极简主义艺术大师理查德·塞拉（Richard Serra）的《倾斜之弧》从安装到被撤除，引起社会的争议。

《倾斜之弧》作为一个在地性公共艺术，塞拉选择了一种强制性介入公共空间的形式和姿态。巨大的弯曲钢板切断了行人的行走路线，打破了城市规划。这种将个人意志融入公共艺术的设计创意理念，发人深省，富有哲理。

塞拉没有选择柔软透明的材料，而是以一种强制干预的手段，将作品直接放置到公共空间中，充分表达了作为创作者的个人意志，同时以强制干预的形式增强了公众的反思。

选择这种方式，受塞拉早年在轧钢厂的工作经历影响极大，他曾自我剖析，其在艺术创作中的原料源自他深层且魂牵梦绕的记忆。该作品的金属钢板材质，非常容易让人感到震撼，同时其处在公共空间中心也会使公众感受到一种战栗、晕眩和敬畏，从而对整个公共环境的认知发生巨大改变。

塞拉的创作，是基于景观创意设计基础，融合在地性特征，以公共艺术作品的强制干预形式，推动作品和空间能够与观众产生深层次的联系，并重新建立彼此之间的关系，同时依托干预形式将艺术家的个人艺术意志强加给了公众，以便在改变公众生活习惯的同时，改变公众在公共空间中的观看方式和参与方式。

塞拉通过作品割裂了公共空间，从而通过影像和干预公众的生活方式，将主导性的问题转化为一种基础性追问，该作品与周围环境的关系仿佛形成了永恒，最终带给了公众极为不同的情感和审美体验。

合作型在地性公共艺术，则是一件以艺术形式参与所在场所人文历史环境建设、促进场所生态环境改善、推动公众获得物理和精神层面满足等内容的作品。其中最具代表性的就是艺术和乡村关联之后所产生的"艺术乡建"，即艺术参与乡村建设。

2018年举办的广安田野双年展"守望乡园"、2019年在酉阳乡村艺术季展示的"归去·来兮""红土地·2021第二届田野双年展（自贡）"，以及2021年策展的"艺术在浮梁"等，这些项目虽然各有不同，但在对地域文化的态度出奇地保持了一致。

从艺术乡建创作出发，公共艺术家面临实际困境，更多的是对乡建的知识了解不够深刻，加上个人的先验束缚，在创作上茫然、不知所措；对所建的乡村地域文脉和乡村文明摸得不透，这些都会影响公共艺术的创作；即使对上述的情况掌握得很好，在文化传承和创新上也很难找到契合点和平衡点，包括对村民实际审美水平等细节的把握很难抉择。在正常情况下，公共艺术家在完成前期调研工作的基础上，经过多方论证和多角度思考，方可从文化内涵、材质选择、艺术表达方式、艺术呈现形态等方面进行创作，甚至有时通过改进作品呈现方式和思辨维度，让村民积极参与，打造村民喜闻乐见的公共艺术作品。这样，村民在加深对家乡文化的理解同时，通过公共艺术作品感悟当地文化艺术魅力，从而在和作品见面时引发共鸣。

也就是说，"艺术乡建"仅仅对乡村原生文化负责，充分扎根于乡村文明土壤之中，真正做到积极融入乡村传统并提炼乡村文化，最终在肯定乡村价值的基础上，形成符合现代艺术语境的艺术审美表达。

随着"艺术乡建"越来越呈现在地性特征，乡村中也出现了越来越多具有高度地方文化辨识度的公共艺术作品，这种基于景观创意设计而形成的在地性公共艺术，是以合作的形式与乡村文化进行了完美融合，既符合乡村文化底蕴的推动和发展，也符合乡村民众的审美习惯和特征，从而发展形成了合作型在地性公共艺术。

第三节　公共艺术在地性保护策略

在地性公共艺术类型中，合作型在地性公共艺术最适合后续的发展和延伸，也最适宜特定场所的在地性保护和传承。以下通过对应的案例对公共艺术在地性保护策略进行具体的分析。

一、《许村计划》保护项目

安徽省黄山市最南端的歙县西北，有一座文化古村落——许村，其原始村落物质形态完整留存，地域特色鲜明。但是它面临着城镇化发展的冲击。中国当代艺术家、新时期中国"艺术乡建"重要发起人和实践者之一的渠岩，经过调查发现，许村很多古建筑被毁，对此进行保护和修复，单靠当地人的重视显然不够。因为修复工作，需要的不仅仅是资金，更重要的是技术。如果没有真正懂技术的人来修复，可能带来的是无法弥补的破坏。对此要从实际出发，这才是修复工作的前提，以免造成老建筑修复新问题。

渠岩认为，古村落的修复，不是对其翻新，而是保持原貌。因此，对许村现状的保护十分重要，其修复就是对整个古建筑进行了全面的保护和修复，其规划是古村落的保护要尽量减少过分城市化改革，而且城市化改革需要进行特定的规划，根据当地居民的生活特性和文化背景，在保留传统文化元素基础上实施各种活动，方能有效保护古村落。

作为尝试，公共艺术目的一方面是改善当地环境，激活古村落的活力；另一方面是提升村民的审美追求，丰富村民的精神生活。2011年渠岩举办"和顺村艺术节"，其间，他将文明宣言发给村民，目的和意图非常明确。

文明宣言主要涉及两个方面内容。一方面是乡村需要走向现代化，尤其是农村卫生和文明习惯需要向现代化转型，若修缮老房不仅麻烦而且无法实现快速转型，只是建设新房也就会削弱原本的文化和历史记忆，基于此，渠岩认为可以用艺术改造乡村，旧房外观保持不动，内部进行现代化转型，从而使房屋呈现古代家庭特征，但内部则让村民享受现代生活。另一方面是《许村计划》，即通过在地性公共艺术，以推动艺术与许村场所形成连带关系，从而融入整个乡村建设。因此，公共艺术作品在内容上与当地文化不能脱节，更不能是空洞的、概念上的东西，且不能盲目照搬现成品。在现实生活中，虽然个别村子存在盲目修建纪念碑式的雕塑等不良现象，但整体是向上向善的。正确的做法应该是能够连接传统地方精神和场所特性，与当地精神文化形成关联的作品。

《许村计划》不单单是一个艺术介入方式问题，而是激活公共艺术家、当地政府和村民多方的现实，同时是在积极引导当地村民，艺术和生活二者之间关系，可以是通过新的生活方式来唤醒的。在外在形态看，公共艺术是物质的可以触摸的实体，诸如雕塑，本身的材质是天然或经过科技合成的新材料，但是它所承载的是创作者对生活的态度、对社会的温度和对生活的一种价值取向。《许村计划》可能是一个社会概念，其中的公共艺术作品，如雕塑，可以是木材、玻璃钢、天然的泥土，甚至是改造后的建筑空间等，其本质就是村民的生活方式。不论是哪种公共艺术形态、装置、壁画、雕塑或综合艺术表现形式，主题都离不开参与公共艺术的创作者，从这个点出发，村民有可能成为公共艺术的创造者和见证人。正如此，许村计划这个项目中所蕴含的艺术思想和创作观念，将催生出更多的可能性和不确定性，这种处于变化中的公共艺术状态，是我们值得深究的，虽然是未知性和未来性，但是我们要保持着公共艺术创作的积极态度和对生活的一种社会责任感。

《许村计划》在介入方式上有新突破。一是体现了公共艺术在地性的特性；二是通过公共艺术的介入改善了当地古村落的环境。公共艺术作品本身就加入新的创作理念，在文化层面，使其固有的文化散发新鲜活力，不仅是物理层面上的更新，而且是社会文化层面上的提升。

《许村计划》的成功实施引起了社会广泛关注。一方面为古村落引来了大量游客，带动了当地的经济发展；另一方面吸引了很多外出打工的年轻人回乡发展，从而提升了古村落的传承活力。

可以说，《许村计划》是历史遗迹的一种救援和保护措施，既是对当时古村庄文化形式的传承，又是在古村庄文化基础上进行的一种大胆尝试，或者说是保护性的一种破坏。从传承文化的角度看，确实做了一件非常有意义的事情：一是保护了即将消失的文化，二是推动了村民素质的整体提升，三是创造了一种与时俱进的新生活方式，即古村落生活环境的确有了一定的改善，传统村屋和历史遗迹也免遭了一场劫难。

二、从乡土波普到乡村波普

2021 年，在四川省自贡市荣县乐德镇天宫庙村举办了"红土地·2021 第二届田野双年展"，总策展人贾方舟提出"乡土波普"概念。在这个展览上，要求参展作品尽可能贴近在地性、内生性和参与性。目的就是不为展览而展览，通过展览，让更多人的村民在本乡本土的文化语境下进行互动。展出的作品来自乡土，作品内容与本乡本土密切关联，便于在展览会上获得更多共鸣。从视角艺术角度看这个展览，不难看出就是让作品入乡随俗，使作品通俗化、大众化和娱乐化，有明显迎合当地村民审美的倾向。

相对而言，乡土波普虽然带给了村民可供娱乐的视觉消费内容，但是其功能单一，文化的内生性和作品的深刻性还处于较低的水平。融入更多在地性和内生化的内容后，乡土波普可以称为乡村波普，即在共娱性基础上，以简单、通俗、直白的展现形式，强调情感的共鸣。乡村波普侧重地域文化的挖掘与表达，通过简单呈现来直击要害，唤醒该区域公众的集体记忆，获得深层次的文化认同感，最终形成对作品的深刻理解。

两者对比，可以得到深刻认知。例如，南瓜屋的构成是按照场域观念进行设计，把它生活化、区域化，进行集中展示，聚焦南瓜作物本身，这样的乡土波普艺术作品在色彩、造型等方面存在多样性和差异化，有趣，夺人眼眶，其表层呈现了在地性特征，即用南瓜元素展示了地域特点，同时以五光十色和体型巨大的表现突出了流行元素潜质。

而进行乡村波普艺术作品的创作，不会简单地以南瓜为切入点。在呈现方式上，间接地用种植南瓜工具的艺术表现，来诠释这个特殊文化现象，通过与当地民众密切相关的工具或文化现象，更容易引发民众的强烈共鸣，从而有效探讨了生产者和生产工具、生产过程和文化底蕴之间的情感依赖。

2019年，乡村波普艺术以公共艺术作品的身份出现在重庆酉阳举办的"归去·来兮"酉阳乡村当代艺术季中，该艺术季策划之初就提出了艺术家真正走进乡村进行创作的思路，需要艺术家们能够融入乡村、融入生活，以乡村建设者的身份和村民共同为乡村建设努力。

焦兴涛的作品以自己的真实电话号码命名，之所以如此，是因为希望艺术季开始之后，能够接听到任何一个愿意打进电话的人，与他对话、互动。其作品运用了村民家中常见的柴堆，通过反复修改，最终构建出一件总长35米的木材数字柴堆，柴堆所拼出的数字就是他的真实电话。通过村民家中常见的柴堆，村民不仅感受到熟悉的韵味，同时以其拼成数字也让生活与数字时代进行了连接，实现了在地性公共艺术作品与酉阳真实生活的完美融合。

　　艺术家傅中望与酉阳当地编制斗笠的手艺人共同完成的作品《斗笠》，就是将酉阳当地的手工艺、当地农民日常遮风挡雨的工具斗笠、村内的干枯老树进行融合，将巨大斗笠和自然的老树进行匹配，这样处理是在唤醒老树，给人以强烈的生命存在感，连接了酉阳的生活与文化，使斗笠、老树、手工艺以一种崭新的方式存在于乡村之中。

　　艺术家洛鹏将酉阳土家族古建筑文化元素和风雨桥建筑造型元素进行有机融合，采用锈钢管材质，利用水循环的原理，用装置艺术表现手法，设计和制作了《水印风雨桥》，用这种方式"冲刷"桥，村民在穿行桥中获得异样体验，体现了酉阳水系环绕的资源特性，融合当地土家族建筑元素和风雨桥元素，带给村民一种穿越传统风雨桥不同的体验，衬托了酉阳深厚且山水相依的传统文化和传承背景。

　　上述这些艺术家的公共艺术作品，完全可以称为乡村波普艺术作品，其整个构思、造型、展示扎根于酉阳乡村文化土壤中，任何一件都拥有其独特的文化符号和象征韵味。同时，不同的形态和材质展现了酉阳村民祖祖辈辈传承而来的不同精神：柴堆体现了原始生存需求，连接了数字化时代信息，能够让人感受到久远时代中走来的文化韵味，以及传统与现代的交融并存；斗笠能够让村民回望祖辈数百年的拼搏，干枯古树象征着昂扬斗志和不懈的生命力，推动着村民感受祖辈遇山开山遇水铺桥的奋斗精神；风雨桥对应酉阳人文特质的艺术处理，给受众以新颖的互动体验，钢铁材质、循环水装置则将乡村生活与现代技术进行了联系，象征着酉阳积极参与现代化建设的创新精神。

　　这些作品，并非简单的乡村素材的堆砌，更不是照搬公共艺术形态，而是以在地性特征为核心，以保护乡村文明、优秀传统传承为脉络，以在地性公共艺术作品为载体，体现在地性公共艺术在乡村实践的成果，同时，在呼应乡村的传承、发展与保护，呼唤要携手共进。

第四节　安徽公共艺术的在地性特色与保护实践

安徽是一块充满历史与文化韵味的土地。这里拥有丰富的自然景观，如黄山、太湖等，也是众多传统艺术形式的发源地，如徽剧和徽派建筑。这些独特的文化与自然资源为公共艺术的创作提供了丰富的素材与灵感。近年来，随着城市化的加速和文化自信的提升，安徽省在公共艺术领域展现出独特的地域性特色与创新实践。公共艺术作为城市文化景观的重要组成部分，在提升城市美学、丰富市民文化生活等方面扮演着不可或缺的角色。特别是在安徽省，公共艺术的发展不仅展示了地方文化的独特魅力，也成为连接历史与现代、自然与人文的桥梁。本部分旨在通过对安徽省公共艺术项目的深入分析，探讨地域文化如何影响公共艺术的设计与实践，如何在这一过程中实现地域特色与现代审美的和谐融合。

一、芜湖雕塑公园

芜湖雕塑公园位于安徽省芜湖市，这个城市以丰富的文化遗产和自然美景而著称。芜湖雕塑公园的创建是市政府为了丰富市民文化生活、提升城市艺术氛围而采取的一项重要举措。公园坐落于城市的中心地带，占地面积广阔，环境优美，是城市中一处不可多得的休闲与艺术体验空间。这个公园的设计和建设吸引了众多艺术家、设计师和城市规划师的参与，他们共同致力打造一个既能体现现代艺术审美，又融入城市特色的公共空间。在这个过程中，公园不仅成为展示各种雕塑作品的场所，还试图通过艺术作品与自然环境的和谐共处，为市民提供一种全新的文化体验。公园的雕塑作品涵盖了从古典到现代、从本土到国际的各种风格，旨在展现艺术的多元性和包容性。此外，公园通过举办各种文化活动和艺术教育项目，鼓励市民积极参与和体验艺术。

（一）公园的设计理念

芜湖雕塑公园的设计理念围绕着将艺术融入公共空间和自然环境，创造一种和谐共生的城市景观。设计团队在规划公园时，考虑了美学因素，也深入思考了如何使艺术作品与公园的自然环境和市民的日常生活相融合。这种设计哲学体现了一种新型的城市空间观念，即公共艺术不仅仅是城市美化的工具，更是提升市民生活质量和城市文化水平的重要媒介。公园设计的核心是创造一个多功能的文化空间，不仅能展示雕塑艺术，也能为市民提供休闲、学习和社交的场所。设计师们精心挑选和布置雕塑作品，以确保它们既能独立表达艺术价值，又能与周围的自然景观和建筑环境相协调。例如，一些雕塑作品被安置在树木繁茂的区域，与自然景观形成对话；另一些则被放置在人流密集的区域，与市民的日常活动互动。芜湖雕塑公园的设计理念还体现在对可持续性和环境友好性的重视。公园的规划和建设考虑了对自然环境的最小干扰，同时使用了环保材料和节能技术。这种设计提升了公园的美学价值，展示了对环境保护的承诺。

（二）公园雕塑类型及特点

芜湖雕塑公园的雕塑作品类型丰富多样，这些雕塑不仅反映了不同的艺术风格和表达方式，还体现了公园在艺术多元性和文化包容性方面的追求。芜湖雕塑公园雕塑类型及特点主要体现在三个方面：

其一，传统材质与现代材质的结合。传统材质如石材、青铜和木材，不仅承载着丰富的历史和文化意义，而且因其天然和经典的特性，在视觉与触感上给人以亲近感和温暖感。例如，石雕作品往往展现出一种沉稳、持久和历史沉淀的美感，使观众感受到一种来自过去的连接。相比之下，现代材质如不锈钢、树脂、玻璃等，更多地代表着现代科技和艺术的创新精神。这些材料的使用不仅为雕塑艺术带来了更多的可能性和灵活性，还通过其光滑的表面、多变的形态和丰富的颜色给予雕塑一种现代、前卫的气息。在芜湖雕塑公园中，这两种材质的结合展示了一种对艺术材料的深度探索，也体现了公园在传统与现代之间寻求平衡的努力。例如，有的雕塑作品可能将青铜与玻璃结合在一起，通过这种材料的混搭展现出一种时间穿梭的效果，同时提供了对传统与现代的思考。

其二，具象造型与抽象造型的结合。具象雕塑作品往往更加直观，易于公众理解和接受。这些作品可能描绘人物、动物或其他具体的事物，让观众能够迅速抓住艺术家想要表达的主题和情感。具象作品在芜湖雕塑公园中起到了讲述故事、传达明确信息的作用。抽象雕塑则更多地激发观众的想象力和思考。这些作品通过非具象的形式，如几何图形、不规则的线条和形状，让观众在观赏过程中自行解读和感悟。抽象雕塑作品通常富有深层次的意义，提供了更多的空间让观众参与，进行个性化理解和感受。具象与抽象造型的结合为观众提供了一种从具体到抽象、从物理到精神的艺术体验。这种结合使得公园的雕塑作品既有直接的视觉吸引力，又有深层的思考价值。其三，传统主题与现代主题的结合。公园内许多雕塑作品采用了传统的主题，如描绘本地的历史人物、传说故事或者文化符号。这些作品在向公众传达地方文化和历史的同时，成了连接过去与现在的桥梁。传统主题的作品在芜湖雕塑公园中起到教育和传承的作用，让观众能够深入地了解当地的文化和历史。也有一些作品聚焦于现代主题，如反映现代生活、社会问题或者科技发展，这些作品通常具有强烈的时代感，能够引发观众对当代社会的思考和讨论。传统主题与现代主题的结合提供了一个跨时代的艺术视角，也展示了公园对于文化传承和社会反思的重视。这种结合使得公园的艺术作品不仅是美的展示，也是文化和思想的交流平台。

（三）传统文化的传承与地域文化的体现

芜湖雕塑公园在雕塑艺术中的传统文化传承和地域文化体现是其独特魅力的关键所在。这些艺术作品不仅是视觉上的享受，也是文化和历史的载体，展现了安徽省丰富的文化底蕴和地域特色。

芜湖公园中的雕塑主要表现中国传统文化中的名人，如李白、伍子胥、周瑜、干将和莫邪等，雕塑在艺术表现手法上以具象写实为主。这些雕塑在艺术上呈现了高水平的技艺，更重要的是，它们将历史人物的形象与精神气质生动地呈现出来，使观众能够跨越时空的界限，与这些历史人物产生情感上的共鸣。以钱绍武的《驰骋疆场》为例，用伍子胥的头像表达了深厚的情感和慷慨义愤，强化了人物的英雄气节。任哲的《所向披靡——周瑜》则通过战马和周瑜的形象展现了英勇无比的气势。陈云岗的《望天门》则结合了李白的诗歌，展现了"诗仙"李白的崇高形象。除了具象的历史人物刻画外，穿插和点缀一些相对抽象的雕塑作品，在这些作品中也不乏出现传统文化符号的装饰。例如，有些雕塑在局部上借鉴了中国结的造型特征，有些雕塑的装饰采用了龙的纹样，甚至用旗袍作为主要的元素进行直观表达，中国民间艺术中的年画在这个公园里也有装点，尤其对中国文人画中的梅、兰、竹、菊用贴画的形式进行表现，地方文化的味道十足。当然还有一些类似戏曲脸谱的形式和环境有机地搭配，给人的现场感别有风味。同时，在传统建筑式样的环境中，可以见到新的东西，给人新鲜感。例如，张琨的《清韵》展现了江南才女的形象，结合了中国传统服饰的美学；陈辉的《高山流水》给人以天人合一之感，张永见在《凝墨》中巧妙地用意象表达的方式诠释了文房四宝的文化气息而折射出书画之道与自然景观更替的内在逻辑；屠国威创作的《众》、刘永刚的《相携共生》艺术处理、潘松作品《见》的外在造型设计、朱达诚作品《家》中蕴含的伦理等，令人深思。有些作品不仅展示了汉字的美学特质，也表达了深刻的文化内涵。例如，《众》就是通过字形的变化展现了汉字的奇妙意境，反映了汉字和书法在中国文化中的深远影响，不仅在视觉上吸引观众，更在情感和思想上与观众产生共鸣，传达了深刻的文化信息。但是，园中的雕塑从整体设计到传统文化、地方文化原色的综合处理，在细节上存在一些值得商榷的地方，如马头墙的设置、天井借用、斗拱形象的取舍、榫卯结构装饰等，都有改进的空间。有些作品不仅展示了中国建筑的美学特征，也强化了中国文化的独特性。例如，梁佳超的《新语系列（其一）》通过手工榫卯制式表达了中国文化的精髓。这些多样的雕塑作品，不仅成功地传承了中国的传统文化，也展现了安徽地区独特的地域文化。这些雕塑作品不仅在艺术上具有高度的成就，也在文化上具有深远的影响力，为公众提供了深入理解和体验中国传统文化的独特途径。

文化因时间向度的演进而具有时代性，又因空间向度的展开而具有地域性。[①]地域文化是长期生活在特定地理空间中的人群共同形成的相应的文化模式，从中能看到独特的城市风貌和艺术形式，以及语言、风俗、时尚等方面的文化特征，还能映射出本地区人们的生活形态和思维观念。[②]芜湖雕塑公园的作品集，通过其丰富多样的雕塑艺术，深刻地体现了文化的时代性与地域性相互依存的关系。这些雕塑作品不仅仅是艺术的展示，更是芜湖厚重历史和地域文化的生动诠释。汪玉峰的《一方水土》精巧地将芜湖四大水系的特征融入其设计，象征着芜湖历史的深远。作品的向上生长的有机形态，不仅表达了对历史的尊重，也寓意着芜湖在现代化过程中的转型与发展。景晓雷的《波光》以不锈钢材质创造出鱼群游动的浪漫场景，象征着芜湖如梦如诗的自然风光。芜湖作为"鱼米之乡"，这一地域特色在黄峰的《天下粮仓》和万莉的《天之粮》中也得到了体现。前者以古代米斗的形状象征着丰盈的粮仓，后者则通过夸张的"米粒"形象，强调了这一日常之物在哺育人类方面的重要性。周锐的《徽派新辅首》则集合了徽州传统建筑元素和芜湖传统铁画工艺，展现了传统与现代相互融合的美学。铁画艺术的应用，不仅展示了传统工艺的魅力，也以现代的视角重新诠释了这一传统艺术形式。钱云可在

---

① 冯天瑜.中国文化的地域性展开[J].江汉论坛，2002（1）：5-6.

② 张时来.地域文化在风景区中环境雕塑的创作思考：以万佛湖滨湖公园为例[D].合肥：安徽建筑大学，2015.

《千年城池》中描绘了北宋芜湖城市版图，而曾月明的《徽班》是芜湖传统戏剧文化的精华所在，体现了对消逝的传统艺术形式的怀旧与传承。通过这些作品，芜湖雕塑公园不仅成为展现芜湖历史和文化的窗口，也成为传统文化与现代艺术相结合的实践场所。这些雕塑作品在艺术上具有独特的价值，更在文化层面上展示了芜湖丰富的历史底蕴和地域特色。它们不仅是对过去的回顾，也是对现代城市文化的一种探索和表达，映射了芜湖这座城市的生活形态和思维观念的变迁。

二、徽州历史博物馆

徽州历史博物馆位于中国安徽省黄山市，是一个专门致力展示和研究徽州文化及其历史的重要机构。该馆拥有黄山市三县、祁门县以及绩溪县等文化资源。徽州地区因其独特的文化、艺术、建筑和商业历史，在中国文化史上占据显著的地位。徽州历史博物馆不仅是一个展示徽州文化的场所，也是一个进行文化研究和教育的平台。它的建立和运营对于传承和推广徽州文化，以及增强公众对这一独特地域文化的认识具有重要意义。通过展示徽州丰富的历史和文化遗产，博物馆在促进地区文化保护、教育和研究等方面发挥着关键作用。

（一）徽州历史博物馆的设计理念

徽州历史博物馆集中展示徽州丰富的历史文化，其设计理念深刻地体现了对徽州传统文化的尊重与现代展示方式的融合，它既是保护者，又是传播者。博物馆的设计强调对徽州地区悠久历史的弘扬。徽州，作为中国历史上文化、艺术、经济和学术的重要中心，拥有丰富的文化遗产，包括徽派建筑、徽商传统、徽剧艺术及书画等。博物馆的设计旨在呈现这些文化元素，让参观者能够全面了解徽州的历史和文化。在设计上，博物馆巧妙地融合了现代建筑元素与徽派传统特色。通过现代设计手法展现徽州的传统艺术，博物馆既保留了徽州文化的原汁原味，又赋予其现代感，使之更加贴近当代观众的审美和体验需求。

徽州历史博物馆的设计不仅仅是在物质层面对徽州文化的展现，更重要的是在精神层面对徽州文化内涵的传达。博物馆通过对徽州人文精神的展示，展现了徽州人对美好生活的追求和对文化传承的尊重。

（三）徽州历史博物馆的地域性融入

徽州地区拥有深厚的文化底蕴，其文化作为中国重要的区域文化的重要组成部分。在这样的背景下，徽州历史博物馆的设计重点放在徽州传统文化的弘扬上。徽州历史博物馆的设计理念源自对徽州民居文化精髓的深入理解，以及对徽州人民日常生活习俗的观察。在设计过程中，设计师注重与自然环境的和谐共存，并从中提炼出有益于弘扬历史文化的元素，以此来发展和传承传统的人文精神。徽州历史博物馆不仅是地方文化发展的成果，也是响应歙县乃至整个古徽州旅游景区的经济发展需求。在设计上，博物馆以弘扬本地历史文化为出发点，将现代建筑巧妙地融入历史悠久的徽州古城中。博物馆采用了"街巷—建筑—庭院"的空间结构体系，以此展现徽州文化的独特风貌。博物馆的空间布局精心设计，旨在通过展览与活动空间的布局弘扬和传播徽州的历史文化。这种设计不仅提供了对徽州传统文化全面了解的机会，也为参观者创造了一种沉浸式的文化体验环境。

徽州历史博物馆的建立不仅是徽州文化复兴的标志性事件，也是对古徽州丰富文化遗产的保护和展示的重要举措。这一工程在文化和民生领域具有深远的意义。徽州历史博物馆的主要目的是展现徽州独特的山水人文等地域特色。设计上，旨在反映徽州古城府县的历史繁华与壮丽，同时注重表达当地文化和人民的情感。博物馆的设计强调历史与文化的继承和发扬。徽州古城居民的质朴与勤劳特质在建筑艺术上的体现尤为重要。建筑设计需要全面考虑，综合分析，以合理表达古城人民的艺术情感。对于徽州历史博物馆而言，进行地域性设计至关重要，这不仅使其完美融入古城环境，而且艺术情感的表达是设计中不可或缺的一个方面。建筑设计中的语言和符号运用都应具象化，反映徽州作为一个历史悠久、文化灿烂的地区所蕴含的深厚艺术情感。在具体设计过程中，重视传统建筑的造型特征、本土材料的使用以及特色空间的创造。徽州人与地域文化的艺术情感应当交织在建筑的每个细节中，为建筑注入内在的灵魂。

我们所要研究的建筑并不是孤立存在的，它必然有其自身的生存条件，并与所处的自然及环境和谐共存。[①]徽州历史博物馆的建筑设计体现了对徽州地区深厚文化遗产的尊重和保护，同时强调了与歙县这个国家历史文化名城的整体结构的和谐融合。在历史文化名城的背景下，博物馆的建设不仅是一项文化工程，也是一项民生工程，对古城的结构和肌理产生了深远的影响。徽州历史博物馆坐落于徽州古城府衙历史文化街区的南部，周围充满了基于老城区传统建筑的鲜明特点和独特风格。在设计中，博物馆注重与周边环境的协调和融合，体现了建筑尊重环境和地域文脉的设计理念。这种设计方法不仅保护了古城的结构，而且避免了对古城环境的破坏。博物馆的设计不仅以环境肌理为出发点，还深入挖掘了徽州古城的文化内涵。设计团队从古城的历史文化特色出发，创造了与徽州府衙和当地建筑及山水人文相结合的建筑特色。通过这种方式，博物馆的设计既体现了徽州传统民居的精巧与雅致，又与古城的传统肌理和文脉融合，呈现出一种相对内敛的姿态。在设计中，博物馆提炼了古城传统民居符号和徽州山水人文元素，合理地运用到建筑设计之中。设计师对这些符号进行了现代建筑语言的转译，通过解构手法和现代材料、结构的运用，使新建的博物馆既展现了徽州的传统意象，又符合现代发展的要求。通过这样的设计，徽州历史博物馆不仅尊重并融入

---

① 刘仁义，秦旭升. 新徽派建筑设计创作方法初探 [J]. 安徽建筑大学学报，2013（5）：38-41.

了古城的形态，而且在形态的延续与变革中平衡了传统与现代的关系。博物馆的建筑设计既体现了对本土地域文化的自信，又传达了地域文化的精神和内涵，成为徽州文化传承和城市文化发展的重要桥梁。

（四）徽州历史博物馆的城市文化表达

徽州历史博物馆不仅是一个文化展示的场所，而且在城市文化的塑造、历史环境的融合和古城活力的激发等方面发挥了重要作用。博物馆的存在和活动加强了公众对徽州文化的理解，促进了城市文化的发展和传承，同时提升了城市的整体文化氛围和形象。

自然元素被创作者转译成可视化、特定的记忆符号。[①] 徽州历史博物馆的选址策略高度重视游客的访问便利性，使其成为宣扬古城文化的重要节点。选址考虑了地理位置的优势和交通设施的完备性，确保了城市居民和游客能够轻松到达博物馆。这种便利性不仅涵盖交通的多样化，如接近汽车站和高铁站，还包括对周边生活区的连接，为访问者提供了一个休息和学习的理想场所。徽州历史博物馆通过现代电子技术和可视化展示的方式，使得博物馆内部的展陈内容和文化象征意义对各类观众更加易于理解。这种展示方法不仅能够帮助访问者轻松地获取历史信息，还能够让他们对城市的历史和文化有更深了解。

徽州历史博物馆在塑造和谐的城市形象方面扮演着关键角色，其建设不仅对历史城区空间结构的整理与改善起到积极作用，也对城市整体形象的提升产生了显著影响。作为公共文化设施，徽州历史博物馆承担着城市名片和对外交流窗口的角色，向公众展示城市的历史、文化和形象。博物馆的存在不仅是歙县的文化标志，也是展示徽州文化特色的重要平台。在历史城市中，博物馆的建设不仅要求其建筑形象具有地域性特征，而且应该对所在历史环境形象的改善起到积极的引导作用。徽州

---

① 谭茜蔓.数字媒体艺术融合自然美学的艺术拓展与价值探析 [J].西部广播电视 .2023（4）：5.

历史博物馆位于歙县城市设计的核心区域，其建筑选址紧邻徽州古城的古城墙，主入口面向南谯楼。周围环境以城楼、牌坊、民居等传统建筑物为主，这些建筑具有徽派建筑的鲜明特点。博物馆的建立对古城西南角的环境整治起到重要作用，改善了原本建筑风貌混乱、环境杂乱的情况。在博物馆的建设过程中，对场地格局进行了重新梳理，形成了与歙县历史文化长轴平行呼应的展览线路，强化了博物馆在徽州古城文化旅游轴线中的重要地位。

徽州历史博物馆的建设不仅仅是一个文化展示的场所，更是一个深度融入城市文化历史环境的项目。徽州历史博物馆的建筑不但符合城市整体的气质和内涵，而且在不破坏周边环境肌理的基础上，与其保持和谐关系。博物馆作为展示城市历史及文化特色的重要平台，其选址和建筑设计考虑了与城市历史文化环境的适应性。在历史城区中新建建筑，特别需要注意与城市历史文化环境相适应，这样的设计有利于突出建筑的特色，提升城市形象。徽州历史博物馆考虑了历史遗产保护和现代社会的发展需求。城市的历史和文化不仅包括过去的遗留物，还包括现代社会的真实生活和社会面貌，这些都是文化和历史的重要组成部分。博物馆的建设应当在尊重历史的同时，展望未来，将传统与现代联系在一起。徽州历史博物馆位于歙县国家历史文化名城保护规划中的历史文化长轴，与徽州府衙和南谯楼等重要历史建筑相邻。该馆址原本是居民住宅区，但在博物馆建设过程中，这些建筑被重新整合，改善了周边的环境。博物馆的主体建筑中轴线面向府衙广场和南谯楼，强化了其在城市文化中的地位。

三、合肥市 1912 街区

合肥市 1912 街区是一个融合了历史文化、商业娱乐和艺术展示的多功能街区。1912 街区不仅作为合肥市的文化名片，而且成为连接城市历史与现代生活的重要桥梁。它体现了合肥市在经济和文化快速发展过程中对历史遗产的尊重和保护。街区内的建筑多为历史悠久的徽派建筑，这些建筑在街区的规划与设计中被精心保护和恢复。这些历史建筑不仅见证了合肥的城市发展历史，也成为讲述地方故事的载体。1912 街区的建设考虑到历史文化的传承与现代功能的结合，使得这个区域既有历史韵味又充满现代生活的活力。1912 街区已经成为合肥市民休闲娱乐、文化交流的重要场所。这里不仅有各类商铺、餐厅和咖啡馆，还定期举办文化艺术活动，如音乐会、艺术展览和文化节庆活动等，吸引了大量消费者前来体验。这些公共艺术及其相关的活动与人们的文化生活紧密地联系在一起，极大地推动了合肥市文化艺术事业的健康发展。它的成功建设与运营成为城市更新和历史保护的典范，展现了合肥市对历史遗产的珍视，以及对现代城市文化发展的追求。

（一）合肥市 1912 街区的设计理念

　1912 街区的设计基于对合肥历史的尊重和保护。这一区域拥有丰富的历史文化遗产，特别是徽派建筑风格的历史建筑。设计理念中核心的部分是对这些历史建筑的保护与活化，使之成为连接过去与现在的文化载体。保护历史建筑是对建筑本身的保存，更是对城市历史记忆的保护。通过精心修复和改造，这些历史建筑得以保持其原有风貌的同时，赋予新的功能和生命力。在尊重历史的基础上，1912 街区的设计理念强调与现代城市生活的融合。街区内不仅有传统的文化展示，还引入了现代商业、休闲和娱乐元素。这种融合使得街区既有历史文化的深度，又具备现代生活的活力和便利性。通过这种设计，1912 街区成了一个兼具文化体验和休闲购物功能的综合性空间，满足了不同市民和游客的需求。

　1912 街区的设计理念还包括促进文化交流和社区参与。街区内通过举办各种文化艺术活动，如展览、音乐会和市集等，成为合肥市文化交流的重要场所。这些活动为市民提供了丰富的文化生活体验，也为研究工作者提供交流的平台。通过这些文化活动，1912 街区促进了城市社区的文化参与和文化创新。在设计过程中，1912 街区还注重了环境友好和可持续发展的理念。街区在改造历史建筑时采用了环保材料和节能技术，减少了对环境的影响。同时，通过优化街区的绿化和公共空间，提升了城市居民的生活高质量发展和城市环境可持续性改善。1912 街区的设计在功能上融合了传统与现代，在美学上实现了这一融合。街区的设计展现了徽派建筑的传统美学，同时引入了现代设计元素，创造出独特的视觉和空间体验。这种设计提升了街区的美学价值，也使其成为城市文化的标志性景观。

（三）历史建筑的保护与现代转化

合肥市 1912 街区在历史建筑的保护与现代转化方面的努力，展现了一种既尊重历史又面向未来的城市发展理念。通过对历史建筑的精心修复和创新改造，1912 街区成了一个融合传统魅力和现代活力的独特空间，增强了建筑本身的功能性和商业价值，也为合肥市的城市文化和公共艺术的发展作出了重要贡献。

1912 街区的历史建筑，大多为徽派建筑风格，它们的存在是合肥历史文化的重要见证。在进行现代转化的过程中，设计师们采取了敏感和尊重历史的方式。在外观上保持了建筑的原始风貌，细致地修复了古建筑的外立面和传统装饰元素，确保了历史感的完整性。同时，通过内部结构的调整和功能性的改造，这些建筑被转变为能够适应现代城市生活的空间。一些原本的住宅或仓储空间被改造为餐饮店、咖啡馆或艺术画廊，如现代照明系统和空调设施，提供了舒适的访客体验。在进行这些改造的过程中，1912 街区的设计师们特别注重保持历史建筑的原始氛围和细节。例如，原有的木结构被恢复和强化，而传统的砖墙和木雕也得到了精心修复。这种恢复工作不仅是对历史建筑物理特性的保护，更是对合肥传统文化精神的传承。

（四）公共艺术与城市文化的融合

合肥市 1912 街区在公共艺术与城市文化的融合方面展现了出色的实践和创新。这一街区不仅是历史建筑的保存地，也成为公共艺术展示和城市文化交流的活跃场所，充分体现了公共艺术在城市空间中的重要作用和价值。

1912 街区通过引入多样化的公共艺术作品，成功地将历史空间转变为充满活力的文化和商业中心。街区内的公共艺术包括多种形式，如创意雕塑、壁画和装置艺术。这些艺术品在美学上美化了城市环境。例如，壁画展现了合肥的历史故事和文化符号，雕塑作品则以其独特的意象吸引了公众的目光。这些艺术作品的设置，创造了一个艺术氛围浓厚的公共空间，使街区不仅是商业和休闲的场所，而且成为艺术欣赏和文化体验的空间。公共艺术的引入，使得 1912 街区成为合肥市民生活的重要组成部分，提升了城市的文化品质，增加了城市的吸引力。1912 街区在强化城市文化认同感方面也作出了重要贡献。街区内展示的艺术作品紧密关联合肥本地文化，通过反映合肥的历史、传统和城市故事，加强了市民对本地文化的认同感和归属感。这些艺术作品不仅仅是视觉上的享受，更是文化上的教育，帮助市民和游客了解与接触到合肥的文化遗产。一些艺术作品融合了当地传统元素，如徽派建筑的设计风格或合肥的地方历史故事，使得公众在参与和体验的过程中能深入地理解合肥的文化背景。这种对本地文化的展示和解读，增强了公众对合肥城市历史和文化的认识和尊重。通过这些艺术作品的展示和文化活动的举办，1912 街区不仅成为城市文化的展示窗口，也成为市民和游客深入了解合肥文化的重要场所，从而增强了合肥市的城市文化认同感。

1912 街区在促进文化交流和创新方面发挥了关键作用。通过举办各类艺术展览、文化活动和节日庆典，这一街区成为合肥市文化交流的核心地带。

　　1912 街区的多功能性质使其成为艺术家、文化工作者和公众交流的理想场所。这里不仅是艺术作品展示的空间，也是各种文化活动发生的地点。从传统艺术到现代艺术，从本地艺术到国际艺术，1912 街区都能提供一个展示和交流的平台。这些活动包括艺术家的个展、群展，以及文化节、音乐会和街头表演等，为市民和游客提供了丰富的文化体验。1912 街区的文化活动不限于传统艺术的展示，还包括现代艺术和创新形式的探索。这些活动和展览引入了新的艺术形式和表现手法，如数字艺术、互动装置和现代表演艺术等，为公众提供了接触新兴艺术形式的机会。这种多样性和创新不仅丰富了街区的文化内容，也激发了公众对艺术的兴趣和参与热情。通过这些文化交流和艺术展示活动，1912 街区促进了文化多样性的发展。这里成为不同文化背景的艺术家和公众交流的场所，促进了不同文化理念和艺术形式的相互理解和尊重。这种文化的多样性和包容性不仅是城市文化发展的重要指标，也是推动城市社会和谐与进步的关键因素。

　　1912 街区的公共艺术项目与合肥市的城市发展战略紧密结合，展示了艺术与城市发展的完美结合。通过将艺术融入城市更新和商业发展，街区成为城市发展的示范，展示了城市如何在保护历史遗产的同时，通过艺术的力量实现经济和文化的繁荣。1912 街区利用公共艺术作为建立城市品牌和形象的工具。艺术作品和活动不仅提升了街区的吸引力，也提升了合肥市的整体形象，使其成为文化和艺术的代表城市。这种品牌建设对于提升城市的吸引力和竞争力至关重要，有助于吸引更多的游客和投资。在城市更新的过程中，1912 街区的艺术项目起到了重要作用。通过艺术的引入，旧建筑和历史街区得以焕发新生，成为具有现代功能和吸引力的空间。这种更新不仅在物理上改善了城市环境，也在文化上活化了城市空间，为城市带来了新的活力和创造力。1912 街区的艺术项目同时带来了经济和文化的双重效益。艺术作品和活动吸引了大量游客，促进了商业发展和消费，同时也提高了公众对艺术和文化的兴趣和参与度。这种经济和文化的双重效益，对于推动合肥市的可持续发展和文化繁荣具有重要意义。

综上，安徽省的公共艺术展现了深厚的文化底蕴和创新精神的有机结合。这一地区的公共艺术项目不仅彰显了地方的历史与文化传统，也体现了对现代艺术趋势的敏感和接纳。安徽省的公共艺术深刻地根植于当地丰富的文化遗产中。无论是徽派建筑的元素，还是当地的历史故事和民俗，都在公共艺术作品中得到了生动呈现和创新诠释。在许多公共艺术项目中，自然景观和艺术作品之间形成了一种互补和谐的关系。艺术家们利用自然元素作为灵感，创作出既融入环境又凸显特色的作品。安徽省的公共艺术项目强调社区参与和公众教育。通过工作坊、互动展览和文化活动，艺术成为连接人们、传递知识和文化价值的桥梁。虽然深受传统文化影响，但安徽的公共艺术也积极吸收和融入现代设计理念，展示出一种动态的、时代感强的艺术风格。安徽省的公共艺术不仅丰富了安徽省的文化景观，也为公共艺术在地性设计的实践提供了宝贵的经验。安徽的公共艺术项目展示了如何在尊重和保护地方文化遗产的同时，引入创新元素和现代技术，创造出具有当地特色又具国际视野的艺术作品。这种在地性设计的实践不仅增强了公共空间的文化内涵，也为提高公众的艺术欣赏能力和文化素养作出了贡献。安徽省的这些经验对于其他地区在发展公共艺术、促进文化多样性和提升城市美学方面具有重要的参考价值。

第五节　皖北公共艺术的在地性特色与保护实践

皖北包括安徽省北部亳州、宿州、淮北、蚌埠、阜阳、淮南 6 个市。在这块土地上孕育了丰富的历史文化，如楚汉文化等，这些内涵丰富的文化是在长期历史中形成的，在不同的历史时期滋养着皖北人民，不知不觉中渗透到皖北人民丰富的生活中，充分体现着这里的人民热爱生活、追求真善美等高贵品质。这些历史文化发挥着重要的社会功能。如皖北人民有丰富的民间习俗、乡风乡俗、文化艺术等。随着社会演进，科技进步，皖北人们的审美品质和艺术追求在不断变化和超越，这些都体现在皖北历史街区、公共环境、建筑文化艺术中，由此可见，这些文化艺术品与当地历史文化不无关系，皖北人民从中华优秀的历史文化中汲取营养，从历史文化中获得灵感，如今我们见到的公共环境整体反映着当地人民对生活的祈盼，这些或多或少地融入皖北古迹遗存，如皖北历史街区、古建筑、雕塑等，这些就集中展现出当地清晰的文化脉络、文化特征和艺术风貌。近年来，随着城市化的加速和文化自信的提升，皖北公共艺术展现出独特的地域性特色，但是，在新城建设和老区改造等实践活动中出现部分公共艺术更新迭代的问题，以及因主观原因造成的古街区、古建筑遗存等保护带来不可弥补的损失。因此，对皖北地区公共艺术困境进行深入分析，探讨地域文化与公共艺术设计与实践如何有机融合，以便实现地域特色与现代审美的和谐融合。

一、蚌埠公共艺术的在地性特色与保护实践

（一）蚌埠公共艺术的在地性特色分析——以《珍珠玉女》巨型雕塑为例

1. 文化与历史的融合

这座雕塑不仅仅是城市公共艺术的杰出代表，更是对蚌埠悠久历史和文化的一种致敬和再现（图7-1）。在探讨其融合历史文化的特点时，值得深入分析几个关键方面。蚌埠被赋予"珍珠城"的美誉，这不仅仅是一种地理的标识，更是对这片土地及其人民文化内涵的深刻描绘。《珍珠玉女》雕塑恰到好处地捕捉并展现了这一文化精髓。雕塑中的玉女形象，优雅而神秘，象征着蚌埠文化的精致与高雅。玉女手中的珍珠，不

只是物质的象征，更是对蚌埠历史与文化传承的映射。这一设计巧妙地将蚌埠的文化特色与历史传说融为一体，为观者呈现了一幅动人的历史画卷。

图 7-1　珍珠玉女（余彩霞 摄）

从艺术表现手法上看，这座雕塑采用了传统与现代相结合的手法。自然元素被创作者转译成可视化、特定的记忆符号，[①] 如汉白玉的使用不仅彰显了传统工艺的美感，而且与蚌埠的文化内涵相得益彰。同时，现代的设计理念与制作工艺赋予了雕塑新时代的气息，这种传统与现代的结合，正是蚌埠历史文化与现代发展相互融合的生动体现。进一步而言，雕塑体现了蚌埠人民对于自然与文化和谐共存的理念。玉女形象的创造，不仅仅是对物质珍珠的颂扬，更是对蚌埠人民生活方式、思想情感的高度概括。雕塑中的玉女，既是历史的见证者，又是文化传承的载体，她

① 谭茜蔓.数字媒体艺术融合自然美学的艺术拓展与价值探析 [J].西部广播电视.2023（4）：5.

的形象和故事在蚌埠人民心中世代相传，成为城市记忆的一部分。

2. 艺术与自然的结合

这座雕塑以其独特的造型和设计理念，展示了自然界与艺术创作之间的深厚联系。所有的艺术努力旨在将人与自然界重新联系起来，使人们意识到在自然世界中找回情感体验的重要性。[①]玉女手捧珍珠的形象，富有诗意和想象力，不仅是对自然之美的颂扬，也是对人与自然关系的深刻诠释。玉女优雅的姿态和手中的珍珠象征着自然界的纯净与珍贵，同时体现了人类对自然之美的追求和尊重。雕塑底座的设计灵感来源于水浪，这一设计元素不仅增强了雕塑的美感和动态感，而且寓意着蚌埠与水的密切关系。水是生命之源，也是自然界不可或缺的组成部分。通过将水浪元素融入雕塑设计，展现了蚌埠与自然环境的和谐共处，同时表达了对自然资源的敬畏和保护。

雕塑中珍珠玉女与自然元素的结合，不仅仅是一种视觉上的美学表现，更是对蚌埠历史文化与自然环境相互依存关系的深刻反映。蚌埠作为历史悠久的城市，其文化传统与自然环境紧密相连。这座雕塑通过艺术的形式，将这种历史与自然的联系具象化，为观众提供了一种感知蚌埠文化与自然之美的全新视角。巨型雕塑的创作，不仅仅是对自然美的展现，更是对蚌埠与自然和谐共生理念的强烈表达。在当今社会，人与自然的和谐共处越发显得重要。这座雕塑以其独特的艺术形式，提醒人们关注自然保护，倡导与自然和谐相处的生活方式。通过艺术与自然的结合，这座雕塑不仅成为蚌埠的一大地标，还成为传达环保理念、促进人与自然和谐相处的重要媒介。

3. 现代工艺与传统材料的结合

这座雕塑巧妙地融合了全钢结构的现代工艺与传统的汉白玉材料，

---

①管剑 . 以艺术之名拥抱自然：以越后妻有大地艺术节为例 [J]. 世界美术，2023（4）：40-43.

创造出了独特的视觉和文化效果，成为蚌埠公共艺术的一个重要标志。现代建筑设计追求建设物的环保性。^①使用全钢结构体现了对现代建筑技术和工艺的深入理解和应用，这种材料的选用不仅赋予了雕塑坚固的结构和持久的耐久性，也代表了蚌埠在现代化进程中的发展和成就。全钢结构的采用，不仅确保了雕塑的稳定性和安全性，也体现了一种现代工业美学。这种工业元素的引入，为雕塑增添了一种现代感，使其在传统与现代之间建立了一座桥梁。

与此同时，汉白玉的使用是对中国传统文化的致敬。汉白玉作为一种历史悠久的传统材料，常被用于中国古典雕塑和建筑中。其纯净典雅的质感，不仅给雕塑增添了一种温润的美感，也体现了对中华传统文化的尊重和继承。通过汉白玉的运用，雕塑传达了一种文化的连续性和历史的深度，反映了蚌埠文化自信的一面。这种现代工艺与传统材料的结合，在技术上展示了蚌埠的创新精神。这种创新不仅体现在材料和工艺的选择上，也体现在将这两者结合的方式上。新技术与传统工艺不是取代的关系，而是结合的关系。^②在全钢结构的坚固基础上，汉白玉的雕刻展现了精细的工艺和深厚的文化底蕴。这样的结合，既展示了蚌埠在现代工业发展上的实力，又反映了对传统文化的珍视和传承。

4.城市精神的体现

城市精神不仅代表着城市居民的价值观念，还有社会的形态和行为方式。^③"珍珠玉女"的形象，以其充满青春气息的外观，映射出蚌埠市民的活力和进取心。这种年轻、充满活力的形象，与蚌埠作为一个正在

---

① 曾玉烨.简析现代建筑设计中中国传统建筑材料的应用与创新[J].建筑与文化，2020（8）：216-217.

② 李盈.传统工艺与现代科技相融合推进天然材料的创新型研究[J].设计，2019（9）：82-83.

③ 任世忠.城市文化的符号化表达及其发展路径[J].文化产业，2020（11）：106-108.

快速发展的城市的特性相吻合。青春不只是年龄的象征，更是一种积极向前、勇于探索的态度的代表。雕塑所表达的是一种外在的美，更是一种内在的力量，反映了蚌埠人民面对挑战时的坚韧与不屈。雕塑的现代感和创造性，也是蚌埠市发展态度和城市风貌的生动体现。现代化的设计理念和创新的艺术手法，不仅展现了蚌埠在艺术和文化领域的进步，而且反映了这座城市对于未来的展望和追求。在这座雕塑中，蚌埠市的发展理念、开放态度和对美好未来的追求得以体现。

雕塑的整体设计和呈现，也是蚌埠市务实精神的体现。在雕塑的创作和建造过程中，蚌埠市不仅注重艺术的审美表达，也注重作品的实用性和公共空间的和谐统一。这种既重视艺术价值，又注重实用性和环境协调的态度，正是蚌埠市务实和高效的工作方式的反映。通过这座雕塑，蚌埠市民的精神面貌得到了展示和提升。它是城市美学的一个标志，更是蚌埠市精神的一个象征。在这座雕塑中，蚌埠的历史、文化、艺术和发展理念交织在一起，共同构成了这座城市独特的精神风貌。这座雕塑不仅为市民提供了美的享受，而且为城市文化的传承和发展提供了强有力的支持。

（二）蚌埠公共艺术的在地性保护实践

1. 强化文化遗产保护法规与政策

历史文化保护传承工作要坚持"全国一盘棋"，国家统筹、上下联动。[①]制定专门的文化遗产保护法规对于保护公共艺术而言，无疑是基础条件所在，法规应该明确规定公共艺术作品的保护范围、责任主体、保护措施以及违反保护规定的法律责任。协调各参与方关系，提升非遗治理能力，是非遗保护的内在要求。[②]这样的法规不仅为公共艺术作品的保

---

① 许龙，张涵昱，汪琴.我国历史文化名城保护法规体系建设策略 [J].中国名城，2021（11）：74-79.

② 宋俊华，李瑜恒.非遗治理研究的方向选择："政策法规与新时代非物质文化遗产保护高端论坛"述评 [J].文化遗产，2022（1）：154-158.

护提供了法律依据，也为相关责任主体指明了行动方向。实施具体的物理保护措施也是保护公共艺术的关键，这包括对艺术作品进行定期的检查和维护，确保其结构的稳定和外观的完整。例如，对于《珍珠玉女》这样的雕塑，需要定期检查其结构安全，防止因自然侵蚀或人为破坏而损坏。同时，也需要考虑艺术作品所处的环境，比如防止污染或其他环境因素对艺术品造成伤害。

2021 年 9 月，中共中央办公厅、国务院办公厅印发的《关于在城乡建设中加强历史文化保护传承的意见》提出，要为做好城乡历史文化保护传承工作提供法治保障。[①]维护和修复政策也是保护公共艺术的重要组成部分，这意味着一旦艺术作品受损，应立即进行修复以保持其原有的风貌。这种维护和修复工作不仅需要专业的技术支持，也需要充足的财政投入。因此，政府应该设立专项资金，用于公共艺术作品的维护和修复。预防可能对艺术品造成损害的活动也是保护公共艺术的重要方面，包括对公众的教育和宣传，提高公众对公共艺术价值的认识和保护意识。同时，政府和相关部门应采取措施防止非法行为，如涂鸦、破坏等，确保艺术作品的安全。

2. 推动公共参与和教育

教育项目是提升公众对公共艺术价值认识的有效途径，在学校和社区开展的教育项目包括公共艺术的历史、文化意义，以及其在当代社会的作用等内容。通过在课堂上教授有关公共艺术的课程，尽可能地把新知识的生产和学生的学习与社区的参与联结起来。[②]学生可以从小培养对艺术和文化遗产的尊重和欣赏。这样的教育不限于理论学习，还可以包

---

① 中共中央办公厅，国务院办公厅.关于在城乡建设中加强历史文化保护传承的意见 [EB/OL].（2021-09-03）[2024-01-11].http：//www.gov.cn/zhengce/2021-09/03/content_5635308.htm.

② 刘爱生.美国高等教育的公共参与：兴起、推进与挑战 [J].大学与学科,2021(1)：108-116.

括参观公共艺术作品、邀请艺术家进行讲座和工作坊等互动式学习活动。社区活动也是促进公共参与的重要手段，举办公共艺术节、艺术展览、艺术创作比赛等活动，可以吸引社区成员的参与，增强他们对本地公共艺术的了解和认同。公共参与教育治理的动机和目的应当在这两种向度的利益之间进行平衡。[①]

此外，可以组织志愿者活动，让社区居民参与公共艺术的维护和保护。这种参与不仅提升了社区成员对公共艺术的归属感，也增强了他们对文化遗产保护的实践能力。

媒体宣传同样是提高公众认识的关键途径，通过电视、广播、报纸以及社交媒体等渠道对公共艺术进行宣传，可以扩大公共艺术的影响力，提高公众对公共艺术重要性的认识。媒体宣传包括艺术作品的介绍、艺术家的采访、艺术活动的报道等，通过多样化的内容吸引不同年龄和背景的观众。在推动公共参与和教育的过程中，政府、教育机构、媒体以及社区组织的合作至关重要。通过这些机构的协作，可以更有效地传播公共艺术的价值，促进公众的广泛参与。此外，通过这些活动，不仅可以保护和维护现有的公共艺术作品，还可以激发更多的创新和创作，为蚌埠的公共艺术注入新的活力。

3. 促进艺术与城市发展的融合

"城市文化软环境是城市文化建设的重要组成要素"[②]，在城市规划中融入公共艺术，意味着在城市发展的每一个阶段考虑艺术作品的摆放和保护。这包括在新的开发区域预留空间用于展示公共艺术，或者在已有的城市空间中寻找合适的位置摆放艺术品。这样的规划不仅保证了艺术作品的安全和完整性，也确保了艺术作品能够与周围的环境和谐共存，

① 高原. 论公共参与教育治理的公益性危机：利益分析框架的构建与利益问题的反思 [J]. 现代教育管理，2015（8）：8-12.

② 王文龙. 充分发挥高校作用 促进城市文明进程：秦皇岛市文化艺术事业发展中的软环境建设研究 [J]. 科技信息，2011（19）：26-27.

增强城市的美感和文化氛围。

将公共艺术纳入城市品牌和文化标志的建设，也是促进艺术与城市发展融合的重要方面。这意味着将公共艺术作为城市形象的一部分，通过艺术作品展示城市的特色和文化。这不仅能够增强城市的文化吸引力，还能吸引游客和文化爱好者，从而带动旅游业和相关产业的发展。

政府可以通过制定支持公共艺术的政策和提供资金支持，来促进艺术与城市发展的融合。艺术精品与艺术品牌能体现一个城市强大的文化创造力和文化影响力，企业则可以通过赞助公共艺术项目或者在自己的开发项目中融入艺术元素，来支持公共艺术的发展[①]。社区组织则可以通过组织艺术活动和项目，增加社区成员对公共艺术的了解和参与。在这里，通过定期举办艺术节和文化活动，也可以促进艺术与城市发展的融合。这类活动不仅是展示公共艺术的平台，也是加强社区参与和文化交流的重要方式。通过这些活动，公共艺术可以深入地融入市民的日常生活，成为城市文化的重要组成部分。

二、阜阳公共艺术的在地性特色与保护实践——以"颍州西湖"为例

（一）阜阳公共艺术的在地性特色分析

1. 历史文化的体现

公共艺术作品在颍州西湖中的呈现，包括雕塑、壁画、装置艺术等多种形式。这些艺术作品通常以颍州的历史故事、地方传说或者历史人物为主题，通过艺术的方式讲述颍州的过去。例如，可能有雕塑描绘历史上著名的人物（图7-2），或者壁画展示颍州的重要历史事件和地方传说。这样的艺术作品不仅增强了游客对颍州历史的认识，也为颍州的历

---

① 姜楠. 对艺术文化促进沈阳文化产业和城市文化发展的思考 [J]. 音乐生活，2016（5）：87-88.

史文化提供了一种生动而直观的表达方式。除了传统的艺术形式，颍州西湖的公共艺术也可能包括现代艺术手法的运用，如互动装置和数字媒体艺术。这些现代艺术形式能够以更互动和吸引人的方式呈现历史故事，使得游客在体验艺术的同时，也能更加深刻地感受到历史的魅力。

图 7-2　人物雕塑　（余彩霞 摄）

颍州西湖的公共艺术作品还可能融合当地的传统工艺和民间艺术，这不仅展示了地方的独特艺术技巧，也是对当地文化传统的尊重和传承。例如，使用传统的雕刻、绘画或编织技艺制作的艺术品，不仅为游客提供了美的享受，也让他们更加亲近和了解颍州的文化传统。颍州西湖的公共艺术作品在展示历史文化方面，还可以通过举办艺术展览、文化节庆活动等方式，为游客提供丰富的体验（图 7-3）。通过这些活动，游客不仅能够近距离欣赏艺术作品，还能通过参与活动深入地理解颍州的历史和文化。

图 7-3　公共艺术（一）　（余彩霞 摄）

2.生态与自然的融合

在颍州西湖的公共艺术作品中，自然元素的运用是一种常见的设计理念。艺术家们可能采用自然材料，如石头、木材、水和植物等，创造出与自然环境和谐共存的艺术作品。这些材料来源于自然，其自身的色彩和质感与周围的自然景观相协调，为游客提供了一种自然与人工艺术完美结合的视觉体验。颍州西湖的公共艺术作品可能在设计上模仿自然景观，如水面的波纹、树木的枝干或是山丘的曲线。这种模仿不仅是对自然形态的艺术性重现，也是对自然美的一种致敬。通过这样的设计，艺术作品与周围的生态环境形成了一种视觉上和意义上的统一，强调了人与自然和谐共生的理念（图 7-4）。

图7-4　公共艺术（二）　（余彩霞 摄）

在颍州西湖，公共艺术作品还可能以生态环保为主题，传递保护自然、珍惜生态的信息。这些艺术作品是美的呈现，也是对生态保护重要性的宣传和教育。例如，艺术作品可能通过展现野生动植物的美丽与脆弱，提醒人们对自然环境的责任和尊重。公共艺术作品在颍州西湖还能与生态旅游活动相结合，如环湖的艺术步道、雕塑公园或是艺术装置点缀的观景台。这些艺术作品为游客提供了欣赏艺术的机会，也鼓励他们步行或骑行，亲近自然，体验生态旅游的乐趣。

3. 休闲与度假的融入

在颍州西湖休闲度假区中，公共艺术作品的设计充分融入了休闲与度假的元素，为游客提供了独特的放松和娱乐体验。这些艺术作品不单是视觉的装饰，更是休闲度假体验的重要组成部分，增添了游客在颍州西湖的愉悦感受（图7-5）。公共艺术作品在颍州西湖可能表现为互动性的艺术装置，这些装置不仅美观，还鼓励游客参与和互动，从而增加了游客的参与感和乐趣。例如，可能有声光互动的艺术装置，游客的动作或声音能够改变装置的光效或声响，为游客带来不一样的体验。这种艺术形式既是一种新颖的娱乐方式，也让游客在互动中感受到艺术的魅力。

图7-5 公共艺术（三） （余彩霞 摄）

参与性强的艺术表演也是颍州西湖公共艺术的一个重要方面，包括街头艺术表演、户外音乐会或是文化节庆活动，这些表演为游客提供了欣赏艺术的机会，也为他们的度假增添了文化和娱乐的元素。通过这些艺术表演，游客能够深入地体验到颍州的文化氛围，享受轻松愉悦的度假时光。具有放松效果的视觉艺术也是颍州西湖公共艺术作品的一个特色，这些艺术作品可能设计风格优雅、色彩和谐，如风景画、抽象画或是光影艺术，为游客提供了视觉上的放松和愉悦。在颍州西湖的自然景观中，这些艺术作品美化了环境，也为游客提供了一个放松心情、享受美好时光的空间（图7-6）。

图7-6　公共艺术（四）　（余彩霞 摄）

4.地方特色的展现

在颖州西湖的公共艺术中，展示当地特色的民俗文化也是颖州西湖特有的一面。这可能通过雕塑、壁画等形式表现颖州的历史人物、传说故事或是地方节庆活动。通过这些艺术作品，游客能欣赏到美轮美奂的艺术创作，也能深入地理解颖州的历史背景和文化内涵。颖州西湖的公共艺术还能采用当地特有的材料和工艺。这种做法不仅展示了当地的自然资源和手工艺水平，也是对传统工艺的一种传承和创新。例如，颖州地区盛产某种特有的自然材料，包括特定类型的木材或石材，这些材料被用于创作公共艺术作品，使之成为颖州自然资源的一种展示（图7-7）。

图7-7 公共雕塑（五）（余彩霞 摄）

通过以上方式，颍州西湖的公共艺术作品不仅成为游客欣赏美景的一个亮点，也成为体验和学习颍州地方文化的一个窗口。这些艺术作品的存在，使颍州西湖成了一个充满文化气息的旅游目的地，吸引着来自各地的游客前来探索和体验颍州独特的文化和艺术。

（二）阜阳公共艺术的在地性保护实践

1.利用数字技术提升艺术保护和展示

在阜阳，利用数字技术提升公共艺术的保护和展示是一种创新的实践方式。这种方法不仅能够提升艺术作品的安全性和可持续性，还能以全新的方式吸引观众，特别是年轻一代。蚌埠可以通过增强现实(AR)和虚拟现实(VR)技术来创造互动式的艺术展览，这些技术能够使观众通过智能手机或专用头盔，深入体验艺术作品。例如，通过AR技术，观众可以看到艺术作品的3D模型，甚至与之互动，如虚拟触摸、旋转或放大来查看细节。这种互动性提升了观众的参与感，也使艺术作品的背景和历史得到深入解读和快速传播。

数字化存档公共艺术作品是另一种有效的保护和展示方式，通过高清扫描和摄影技术，艺术作品可以被精确地复制并存储在数字档案中。这不仅为艺术品提供了一个"永久"的保存形式，还使得艺术作品能够轻易地在网络平台上展示，观众无须亲临现场即可欣赏到这些作品。这种方式特别适合那些因地理位置偏远或保护要求高而难以亲临现场观看的观众。有关部门可以利用数字技术创造虚拟艺术展览和在线艺术画廊，这些平台可以展示当前展览、艺术家信息、作品解读等内容。这种方式不仅方便了观众随时随地访问和欣赏艺术作品，也为艺术家及其作品创造了更多的曝光机会。

2. 推广地方艺术特色和文化遗产

阜阳有关部门可以通过多种方式来推广其地方艺术特色和文化遗产，举办专题性的艺术展览是一种有效的手段。这些展览可以专门展示阜阳地区的传统艺术作品，如本地的绘画、雕塑、手工艺品等。通过精心策划的展览，不仅可以展示艺术作品的独特之处，还可以通过介绍艺术背后的故事和历史，加深游客对阜阳文化遗产的理解和欣赏。另外，举办文化节庆活动也是推广地方艺术特色和文化遗产的有效途径。这些活动包括传统节日庆祝、民间艺术表演、手工艺市集等。这些活动不仅为当地居民和游客提供了文化娱乐的机会，也有助于保持和传承地方的文化传统。通过参与这些活动，游客可以亲身体验并欣赏到蚌埠的文化和艺术。

创建艺术教育中心是推广地方艺术特色和文化遗产的重要途径，这样的中心可以提供艺术教育课程、工作坊和讲座，不仅为当地居民特别是年轻一代提供了学习和欣赏地方艺术的机会，也为外来游客提供了深入了解蚌埠文化的平台。通过这些教育活动，可以有效地传承和发展地方艺术，同时提高公众对艺术价值的认识和尊重。阜阳还可以利用现代媒体和网络平台来推广其地方艺术和文化遗产，通过社交媒体、在线视频和网络直播等方式，可以将阜阳的艺术和文化介绍给广泛的受众。这种方法不仅能够扩大阜阳文化的影响力，也能够吸引更多对地方艺术和文化感兴趣的人们。

3.实施艺术品保护与维护计划

对公共艺术作品进行定期的专业检查是保护计划的关键部分，这包括对艺术作品的结构稳定性、材料完整性，以及对环境因素的抵抗能力进行评估。专业人员可以对艺术品进行全面检查，及时发现任何损坏或退化的迹象，并提出相应的维修和保养建议。例如，对于户外的雕塑和壁画，检查可能包括评估由于风化、污染或人为破坏导致的损伤。针对易受环境因素影响的艺术作品，采取适当的保护措施至关重要。例如，户外雕塑可能需要进行防水处理，以抵御雨水和湿气对材料的腐蚀。壁画可能需要特殊的涂层来防止紫外线和污染物的侵害。此外，定期清洁是维护艺术品的重要方面，特别是对于那些位于城市街道或公共空间的艺术作品，这些作品容易积聚灰尘和污垢。

除此之外，阜阳有关主管部门还可以建立艺术作品的维护档案，记录每件艺术品的历史、维护记录和任何进行过的修复工作。这种记录有助于监控艺术品的状况，也为未来的维护和保养提供了重要信息。通过这种系统性记录和跟踪，可以有效地管理公共艺术作品的保护工作。阜阳有关部门还可以考虑开展公共艺术保护的宣传教育活动，提高公众对公共艺术保护重要性的认识。这可以通过社区活动、宣传册、在线媒体等形式进行，鼓励市民参与并支持公共艺术品的保护。

三、淮北公共艺术的在地性特色与保护实践——以淮北《腾飞》雕塑为例

（一）淮北公共艺术的在地性特色分析

1.《腾飞》雕塑的历史象征意义

《腾飞》雕塑作为淮北的标志性艺术作品，具有丰富的历史象征意

义，不仅展现了淮北的发展历程，而且寓意着这座城市的未来潜力和希望（图7-8）。建于1996年的《腾飞》雕塑，通过其巧妙设计和象征性元素，讲述了淮北市自建市以来的发展故事。雕塑中的两根立柱高36米，正好对应当时淮北建市36周年，这不仅是对城市历史的纪念，也是对过去36年发展成就的肯定。这样的设计巧妙地将时间的概念融入艺术作品，使之成为一种时间和空间的标志。

雕塑的顶部设计为两翅展开的金凤凰，寓意深刻。凤凰作为中华民族的传统象征之一，代表着吉祥和重生。在这里，展翅高飞的凤凰象征着淮北市的蓬勃发展和对未来的无限憧憬。凤凰冲天的姿态，展现了一种向上向好的动力和活力，象征着淮北市在不断地发展进步中，勇于追求更高更远的目标。这座雕塑不仅是淮北市的一个地标，还成为市民共同的记忆和自豪感的象征。它见证了淮北市从过去到现在的转变，成为连接过去和未来的桥梁。城市的居民可以从这座雕塑中感受到一种归属感和认同感，同时也激发了他们对家乡未来的希望和期待。

图7-8　腾飞　（余彩霞 摄）

2. 地方工业和经济的展示

淮北市的《腾飞》雕塑不仅是一件艺术品，还在其设计中蕴含了对地方工业和经济的深刻展示。这一展示在雕塑周围原本设置的东西南北四个人物中得到体现，每个人物分别代表了淮北市的主要经济支柱：煤炭、纺织、酿酒和电力。尽管这些人物雕塑在后来的城市扩建中被拆除，但它们在历史上的存在依然是淮北公共艺术和地方经济发展的重要标记。

煤炭业作为淮北市的传统支柱产业，一直是推动该市经济发展的重要力量。将煤炭业的象征性人物置于显眼的公共艺术中，不仅展示了淮北市在该行业中的历史地位和成就，也象征了煤炭业对于淮北市民生活和经济发展的深远影响。纺织业的代表则体现了淮北市在轻工业领域的发展。纺织业作为传统产业之一，不仅提供了大量就业机会，也是地方经济的重要组成部分。通过公共艺术作品的展示，纺织业的重要性得以凸显，同时展示了淮北市在传统制造业领域的稳定发展。

3. 与其他特色雕塑园的协调

淮北市的公共艺术，特别是以《腾飞》雕塑为代表的作品，与其他特色雕塑园的协调，共同构建了一个多元化且富有特色的城市艺术景观。这种协调不仅展示了淮北市独特的文化和历史，还为城市的公共空间增添了独特的艺术氛围。《腾飞》雕塑作为淮北市的标志性艺术作品，与相王广场的相王建城、火车站广场的煤海之子、濉溪的酒之歌世纪广场西侧的"爱园"雕塑园以及儿童乐园的成语雕塑园等其他艺术作品相结合，展现了淮北市的多元文化和历史特色。这些雕塑不仅以其独特的艺术风格和形象展示了淮北的城市特色，还通过各自不同的主题和设计理念，共同讲述了淮北市的故事。

《腾飞》雕塑以其象征淮北市腾飞和发展的主题，成为城市的视觉焦点，相王广场的相王建城雕塑则反映了淮北的历史传承，展示了该市深厚的历史底蕴。火车站广场的煤海之子雕塑体现了淮北作为一个煤炭重镇的工业特色，而濉溪的酒之歌世纪广场西侧的"爱园"雕塑园和儿童乐园的成语雕塑园则增添了更多的文化和教育元素，为市民和游客提供了丰富的艺术体验和知识启迪。这些雕塑作品之间的协调和互补，不仅丰富了淮北市的文化景观，还为市民和游客创造了一个互动和体验的艺术空间。它们不仅仅是城市美学的展示，更是淮北市文化和历史的传达者。通过这些公共艺术作品，淮北市的城市身份和文化特色得到了强化，同时促进了市民对艺术的欣赏和对本地文化的认同。

4. 城市变迁与文化传承

淮北市的《腾飞》雕塑及其周围原有的四个人物雕塑在 2016 年城市扩建时的拆除，反映了淮北城市发展和变迁的历史。这一过程不仅揭示了城市景观的物理变化，还展现了文化传承和记忆的重要性。《腾飞》雕塑及其四周人物雕塑的设计原本是淮北市经济和文化的象征，分别代表着煤炭、纺织、酿酒和电力四大支柱产业。这些雕塑作为城市公共艺术的组成部分，不仅仅美化了城市环境，更是淮北市工业发展和社会变革的历史见证。

随着城市的发展和扩建，这些公共艺术作品的拆除，象征着淮北市从传统工业城市向现代化都市的转变。这种转变带来了城市面貌的更新，同时意味着对过去某些部分的告别。这样的变迁反映了城市在不断发展中所面临的挑战和机遇，以及在保留传统与追求现代化之间所做的权衡。尽管这些雕塑已被拆除，但它们在历史上的存在和意义依然对淮北市的文化传承至关重要。这些艺术作品曾经是淮北市民共同的记忆和城市的象征，反映了淮北人民的工业精神和文化认同。它们的拆除提醒人们，公共艺术作品不仅仅是城市美学的一部分，更是承载着历史记忆和文化传承的重要载体。

（二）淮北公共艺术的在地性保护实践

1. 加强历史艺术遗产的保护和修复

在保护和修复现有艺术作品方面，淮北市应该建立一个全面的艺术作品维护体系。这包括对每件艺术作品进行详细的记录，包括它们的历史背景、材料构成、现状以及之前的维护记录等。基于这些信息，可以定期对艺术作品进行专业的检查和维护，确保它们不受环境因素和时间的侵蚀。例如，对于户外的雕塑，需要定期检查其结构稳固性，防止风化和腐蚀，并进行必要的清洁和保养。

对于已经拆除或破损的历史艺术作品，淮北市应考虑进行重建或重塑。这一过程不仅是对原有艺术作品的一种恢复，也是对城市历史记忆的一种重建。在重建或重塑过程中，应尽量保留原有艺术作品的风格和意义，同时可以考虑加入现代元素，使其既保留历史韵味，又符合现代审美和城市发展需要。淮北市还可以通过展览、出版物、讲座等方式来加强公众对历史艺术遗产保护的意识，这些活动不仅可以提升市民对本地艺术作品的认识和欣赏，也可以激发他们对文化遗产保护的兴趣和参与。同时，这是对城市文化和艺术遗产进行广泛传播的有效途径。

2. 推广艺术教育和公众参与

淮北市可以通过组织系列艺术讲座来增强公众对艺术的理解，这些讲座可以邀请艺术家、历史学家和文化专家来讲述当地艺术作品的历史背景、文化意义以及创作过程。这种直接的交流和学习机会，能够让市民深入地了解本地的艺术遗产，从而增强对这些艺术作品的认同感。工作坊和互动式艺术活动也是促进公众参与和教育的有效手段，通过组织各类艺术创作工作坊，比如绘画、雕塑或手工艺制作，市民可以亲身体验艺术创作的过程，这不仅增加了艺术活动的乐趣，还能激发参与者对艺术的兴趣和热爱。儿童和青少年特别能从这样的活动中受益，因为它们有助于培养他们的创造力和审美观。

艺术展览和艺术节是淮北市推广艺术教育的重要平台，通过举办定期的艺术展览和节日活动，展示当地艺术家的作品或历史艺术遗产，市民能够直观地欣赏和体验当地艺术的魅力。这些活动可以在公共空间如公园、广场或艺术馆举办，使艺术成为市民日常生活的一部分。淮北市还可以鼓励市民参与公共艺术的创作和保护，这可以通过公共艺术项目的志愿者活动、艺术品保护倡议或社区艺术项目实现。让市民直接参与艺术品的创作和维护，不仅能增强他们的归属感和责任感，还能促进社区之间的交流和合作。

3.融入城市规划和发展

淮北市在进行城市规划和发展时，整合公共艺术作品的保护和展示是实现城市文化和美学发展的关键步骤。这一过程需要将公共艺术视为城市发展的核心组成部分，确保艺术与城市环境的和谐共融。在城市扩建或改造过程中，对现有公共艺术作品的保护至关重要。淮北市需确保这些艺术作品不会因城市发展而受损，特别是那些具有历史价值和文化意义的作品，如《腾飞》雕塑。这可能涉及将艺术作品移至更加合适的位置，或者在规划中考虑到艺术作品的保护，使其成为新开发区域的设计元素之一。例如，可以在城市公园、广场或其他公共空间中特别规划出展示区域，使这些艺术作品成为城市景观的一部分。

另外，淮北市也应在新开发的区域中设计和创造新的公共艺术作品。这些新的艺术作品可以反映淮北市的现代化进程和文化发展，同时可以是对传统文化的现代诠释。新艺术作品的设计应考虑到与周围环境的协调性，无论是风格、材料还是主题，都应与城市的整体发展和居民的文化需求相吻合。淮北市在规划新的城市区域时，还可以考虑创造艺术走廊或文化街区。这些区域可以专门用于展示当地艺术家的作品，或者举办各种艺术活动和展览，从而吸引游客和提升城市的文化魅力。通过这种方式，艺术不限于某个单一地点，而是成为整个城市的一部分。

参考文献

[1] 马跃军. 公共艺术 [M]. 石家庄：河北美术出版社，2014.

[2] 于猛. 公共艺术与雕塑 [M]. 延吉：延边大学出版社，2022.

[3] 吴卫光，张健，刘佳婧，等. 公共艺术设计 [M]. 上海：上海人民美术出版社，2017.

[4] 施慧. 公共艺术设计 [M]. 修订版. 杭州：中国美术学院出版社，2021.

[5] 李媛. 当代城市公共艺术研究 [M]. 北京：中国纺织出版社，2019.

[6] 郝瑾. 当代公共艺术创意设计研究 [M]. 哈尔滨：哈尔滨出版社，2021.

[7] 林海. 城市景观中的公共艺术设计研究 [M]. 北京：中国大地出版社，2019.

[8] 吴士新. 走向公共空间的艺术 [M]. 北京：九州出版社，2017.

[9] 杨奇瑞，王来阳. 城市精神与理想呈现：中国城市公共艺术建设与发展研究 [M]. 杭州：中国美术学院出版社，2014.

[10] 梁靖涵. 大地艺术的"在地性"研究 [D]. 唐山：华北理工大学，2022.

[11] 张佰丽. 当代艺术介入传统村落在地性设计研究 [D]. 秦皇岛：燕山大学，2022.

[12] 姜子闻. 装置艺术介入城市公共艺术及其交互性研究 [D]. 无锡：江南大学，2022.

[13] 王明亮. 从艺术的介入性和在地性角度看中国艺术乡践 [D]. 南京：南京艺术学院，2022.

[14] 王佳钰. 城市公共艺术的地域文化再现形式应用研究 [D]. 杭州：浙江工商大学，2021.

[15] 李慧舒. 当代公共艺术在中国乡村的可行性发展研究 [D]. 沈阳：鲁迅美术学院，2021.

[16] 王元嬙.二十一世纪以来中国公共艺术批评多元化发展研究 [D].贵阳：贵州大学，2021.

[17] 王茂茜.社会参与式艺术介入城市社区的在地性研究 [D].重庆：重庆师范大学，2021.

[18] 陈雨佳.基于公共空间下当代艺术的趋势研究 [D].天津：天津大学，2021.

[19] 陈研然.公共艺术介入传统村落的在地性研究 [D].合肥：合肥工业大学，2020.

[20] 赵雪.公共艺术在乡村公共空间的亲和性营造研究 [D].合肥：合肥工业大学，2020.

[21] 殷子.当代城市公共艺术的场所精神研究 [D].武汉：武汉理工大学，2020.

[22] 柴清惠.中国公共艺术“公共性”的构建研究 [D].开封：河南大学，2019.

[23] 马东阳.在地性公共艺术的三种形式 [D].杭州：中国美术学院，2019.

[24] 王晓恬.公众参与视角下公共艺术在地异化研究 [D].武汉：武汉大学，2018.

[25] 辛慧慧.探寻地域文化在公共艺术中的新出路 [D].淄博：山东轻工业学院，2012.

[26] 林强.公共艺术设计的公共性实现 [D].厦门：厦门大学，2008.

[27] 张涵胭，马松影，赵梦洁.格式塔心理学下城市公共艺术空间的设计研究 [J].艺术与设计（理论），2023（4）：131-133.

[28] 吴琨.装饰艺术介入城市公共艺术研究 [J].美与时代（城市版），2023（2）：70-72.

[29] 梁昊.基于地域文化创新的城市公共艺术表达 [J].美与时代（城市版），2022（11）：71-73.

[30] 杨超，徐晓萌.城市公共艺术政策发展的国际经验与启示 [J].北京规

划建设，2022（6）：67-73.

[31] 郭圣能，李锡坤.公共艺术助力乡村振兴建设的路径研究 [J].安徽工业大学学报（社会科学版），2022（5）：28-29，40.

[32] 杨坤伟，张雯婷.当代公共艺术在乡村公共空间景观中的设计表达 [J].中国建筑装饰装修，2022（19）：145-147.

[33] 周灵.5G 时代城市公共艺术的发展趋势 [J].美术教育研究，2022（18）：53-55.

[34] 杨超.试析城市公共艺术空间规划方法的体系性与独特性 [J].住区，2022（4）：90-99.

[35] 计雨晨.公共艺术介入乡村空间的双向赋能研究：以地域型艺术节 "艺术在浮梁 2021" 为例 [J].建筑与文化，2022（8）：263-265.

[36] 陈冠羲.地域文化元素在城市公共艺术设计中的运用 [J].美与时代（城市版），2022（6）：49-51.

[37] 陈立博.跨媒介融合：数字化城市公共艺术的发展趋向 [J].美与时代（城市版），2022（2）：59-61.

[38] 殷睿，许丹桂.城市公共艺术设计探究：基于城市文化视角 [J].黑河学院学报，2022（2）：179-181.

[39] 彭鸿坤，赵胤凯.浅谈城市公共空间与公共艺术的关系 [J].西部皮革，2021（21）：140-141.

[40] 李妮.城市公共艺术的起源研究 [J].美与时代（城市版），2021（8）：58-59.

[41] 苏鑫.面向城市形象构建的公共艺术设计研究 [J].工业设计，2021（7）：75-76.

[42] 闫立江，杨翠霞，侯东辉.公共艺术在乡村生活空间的表达方法研究 [J].农业与技术，2021（13）：178-180.

[43] 施蕾蕾.城市公共艺术传播的本土化实践及前景探析 [J].艺术传播研究，2021（2）：36-41.

[44] 张奇磊，王鑫，张丽蓉，等.地域文化元素在城市公共艺术设计中的应用 [J].城市住宅，2021（6）：166-167.

[45] 陈赫佳.浅析新时代城市公共艺术发展 [J].西部皮革，2021（12）：153-154.

[46] 杨晓，郑一霖，吴艳.中国城市公共艺术的发展与作品保护 [J].中国美术，2021（3）：62-65.

[47] 潘心杨，赵志红.价值重构中的当代公共艺术 [J].美术研究，2021（3）：133-136.

[48] 本刊编辑部.公共艺术与在地性 [J].当代美术家，2021（3）：6-7.

[49] 吴抒玲，游琳玲.唤醒集体记忆的城市公共艺术 [J].建筑与文化，2021（5）：128-130.

[50] 董盼盼，兰超.日常审美背景下的城市生活空间公共艺术设计探究 [J].设计，2021（9）：52-54.

[51] 贺琦.当代公共艺术在乡村公共空间改造中的运用 [J].工业建筑，2021（1）：248.

[52] 唐静菡.从"美的匮乏"到"美的介入"：一种建设性的城市公共艺术研究 [J].公共艺术，2020（6）：30-38.

[53] 黄甜甜，何玲.公共艺术介入下的城市公共空间活力重塑 [J].中外建筑，2020（12）：16-19.

[54] 罗丹.数字信息在城市公共艺术设计中的应用研究 [J].美与时代（城市版），2020（11）：61-62.

[55] 林夏瀚.乡村振兴背景下"艺术介入乡村"实践的探索 [J].艺术与民俗，2020（4）：90-95.

[56] 周靖灿.公共艺术在新型城镇化进程中的作用 [J].西部皮革，2020（18）：45-46.

[57] 王鑫.公共艺术在乡村环境改造中的空间连接 [J].四川戏剧，2020（6）：58-61.

[58] 李艳，毛一茗."在地性"观念与中国当代艺术中的在地实践 [J]. 艺术评论，2020（6）：25-35.

[59] 景育民. 公共艺术的"在地性"[J]. 景观设计，2019（6）：8-13.

[60] 张静静. 艺术乡建的在地性困境及方案探索 [J]. 文化产业，2019（22）：55-56.

[61] 潘鲁生. 乡村公共艺术发展思路 [J]. 公共艺术，2019（6）：27-28.

[62] 李晶涛，张娟. 公共艺术促进城市夹缝空间再生 [J]. 山东工艺美术学院学报，2019（5）：8-11.

[63] 陈志奎，鲁勋洲."侵占"的回归与"民生"的表达：再议公共艺术的在地性、可持续性和伦理问题 [J]. 山东工艺美术学院学报，2019（4）：105-112.

[64] 孙振华. 公共艺术的乡村实践 [J]. 公共艺术，2019（2）：32-39.

[65] 谭勋. 当代艺术语境下的公共艺术实践 [J]. 当代美术家，2019（1）：16-19.

[66] 药婷婷. 公共艺术在城市形象塑造中的作用 [J]. 美与时代（城市版），2018（12）：75-76.

[67] 王洪义. 公共艺术·在地性·上下文 [J]. 上海艺术评论，2018（5）：58-60.

[68] 刘为光. 解构公共艺术在地价值的社会实践 [J]. 公共艺术，2018（4）：12-17.

[69] 冯祖光. 多元语境下的公共艺术新视野 [J]. 公共艺术，2018（3）：42-44.

[70] 张羽洁. 在地性艺术的历史变迁和当代实践 [J]. 公共艺术，2018（2）：104-105.

[71] 王燕，王磊，张倩. 基于城市记忆的公共艺术设计研究 [J]. 设计，2017（10）：106-107.

[72] 李琦. 现代设计之美：浅谈公共艺术的社会功能 [J]. 艺术与设计（理

论），2014（Z1）：138-140.

[73] 康彦峰.公共艺术在城市中的作用 [J].大众文艺，2013（11）：86-87.

[74] 孙晓光.浅谈公共艺术设计中公共性的实现 [J].美术教育研究，2012
（22）：49.

[75] 马红宾.公共艺术设计的多元文化生态审美分析 [J].美术大观，2011
（2）：145.

[76] 周颖.浅析公共艺术中材料的审美性 [J].太原城市职业技术学院学报，
2010（12）：192-193.

[77] 刘辉，张杰.基于人文环境的城市公共艺术研究 [J].美与时代（城市版），
2022（5）：64-66.

[78] 王珂莉.交互式体验视角下城市公共艺术设计创新探索 [J].绿色包装，
2022（5）：122-124.